省部级示范性高等职业院校建设规划教材
建筑装饰专业理实一体化特色教材

室内设计原理

主　编　权　凤　卢　燕　潘　潺

副主编　刘　鹏　靳玉娟　李　稳

　　　　胡　兰

主　审　张可峰

U0268920

黄河水利出版社

·郑州·

内 容 提 要

本书是省部级示范性高等职业院校建设规划教材、建筑装饰专业理实一体化特色教材，是重庆地方高水平大学理实一体化项目建设系列教材之一，根据高职高专教育室内设计原理课程标准及理实一体化教学要求编写完成。本书主要包括室内设计概述、室内设计基本法则与手法及形式美原则、住宅室内设计项目解析、室内设计的应用技术、室内设计的程序、室内设计实训等六个项目。

本书可作为高等职业技术学院、高等专科学校等环境艺术设计专业、室内设计专业、建筑装饰施工技术专业的教材，也可供土建类相关专业及从事建筑装饰工作的技术人员学习参考。

图书在版编目（CIP）数据

室内设计原理／权凤，卢燕，潘潺主编. —郑州：黄河
水利出版社，2018.5 （2021.1 重印）

省部级示范性高等职业院校建设规划教材.建筑装饰
专业理实一体化特色教材

ISBN 978 - 7 - 5509 - 2018 - 7

Ⅰ.①室… Ⅱ.①权… ②卢… ③潘… Ⅲ.①室内
装饰设计 - 高等职业教育 - 教材 Ⅳ.①TU238.2

中国版本图书馆 CIP 数据核字（2018）第085422号

组稿编辑 简 群 电话：0371-66026749 E-mail：931945687@qq.com
田丽萍 66025553 912810592@qq.com

出 版 社：黄河水利出版社 网址：www.yrcp.com
地址：河南省郑州市顺河路黄委会综合楼14层 邮编：450003
发行单位：黄河水利出版社
发行部电话：0371 - 66026940、66020550、66028024、66022620（传真）
E-mail：hhslcbs@126.com
承印单位：河南匠心印刷有限公司
开本：787 mm×1 092 mm 1／16
印张：14.5
字数：340 千字 印数：1 001—2 000
版次：2018 年 5 月第 1 版 印次：2021 年 1 月第 2 次印刷

定价：58.00 元

前　言

　　本书是根据高职高专教育建筑装饰技术专业人才培养方案和课程建设目标，并结合重庆地方高水平大学立项建设项目的建设要求进行编写的。

　　本套教材在编写过程中，充分汲取了高等职业教育探索培养技术应用型专门人才方面取得的成功经验和研究成果，使教材更符合高职学生培养的特点；教材内容体系上坚持"以够用为度，以实用为主，注重实践，利于发展"的理念；教材内容组织上兼顾"理实一体化"教学的要求，将理论教学和实践教学进行有机结合，便于教学组织实施；注重课程内容与现行规范和职业标准的对接，及时引入行业新技术、新材料、新设备、新工艺，注重教材内容设置的新颖性、实用性、可操作性。

　　近些年，中国的社会经济在飞速发展，房地产行业的发展便是其中之一。人们对自身所处空间环境和生活质量越来越重视，室内设计行业的产值也在不断增长。行业的高速发展使得对专业设计人才的需求量不断扩大，与此同时，对设计人才的专业要求也越来越高。

　　室内设计是一门综合性设计学科，涉及艺术、技术、经济等社会科学与自然科学的许多门类。它是建筑设计的延续，是为了人们室内生活的需要，以人为本而进行的造型设计工作。室内设计是对建筑空间进行的再创造，是建筑设计的延续和深化。它的任务是组织空间，以合适的材料、空间、陈设等为手段，把建筑内部的功能、气氛、格调和美感都高度统一，从而创造出能满足使用者生理和心理双重需求的室内环境。我们从当代大学生的实际需要和实际需求出发，编写了这本理论与案例结合的《室内设计原理》教材。

　　本书编写人员及编写分工如下：重庆水利电力职业技术学院权凤编写项目一、项目二、项目三的任务二和任务三；重庆水利电力职业技术学院卢燕编写项目三的任务一；重庆大学城市科技学院艺术设计学院刘鹏编写项目四的任务一至任务三；黄河水利职业技术学院靳玉娟编写项目四的任务四、任务六；重庆水利电力职业技术学院潘潺编写项目四的任务五；宿州学院美术与设计学院李稳编写项目五；重庆大学城市科技学院艺术设计学院胡兰编写项目六。本书由权凤、卢燕、潘潺担任主编，权凤负责全书统稿；由刘鹏、靳玉娟、李稳、胡兰担任副主编；由重庆水利电力职业技术学院张可峰担任主审。重庆水利电力职业技术学院张倩文、曹源、王春燕、石喜梅、孙华、林旭、贺靖、李淋玉等参与了本书的编写整理工作。

本书中图片没写明拍摄者或绘制人员的均来自于网络，本书还参考引用了一些文献资料，在此对图片作者及文献作者表示感谢！

本书的编写出版得到了重庆水利电力职业技术学院各级领导、市政工程系领导和专业老师，以及黄河水利出版社的大力支持，在此一并表示衷心的感谢！

由于编者水平有限，书中难免存在错漏和不足之处，恳请广大师生及专家、读者批评指正。

编 者

2017年12月

目 录

前 言

项目一 室内设计概述……………………………………（1）
　　任务一　室内设计的概念 ……………………………（1）
　　任务二　室内设计师 …………………………………（6）
　　任务三　室内设计风格及其演变 ……………………（11）

项目二 室内设计基本法则与手法及形式美原则………（37）
　　任务一　室内设计基本法则与手法 …………………（37）
　　任务二　室内设计的形式美原则 ……………………（43）

项目三 住宅室内设计项目解析…………………………（54）
　　任务一　住宅主要空间设计 …………………………（56）
　　任务二　辅助空间设计 ………………………………（72）
　　任务三　交通空间设计 ………………………………（84）

项目四 室内设计的应用技术……………………………（86）
　　任务一　室内装饰材料 ………………………………（86）
　　任务二　室内陈设 ……………………………………（137）
　　任务三　室内家具设计 ………………………………（146）
　　任务四　室内绿化设计 ………………………………（153）
　　任务五　室内照明设计 ………………………………（159）
　　任务六　室内色彩设计 ………………………………（172）

项目五 室内设计的程序…………………………………（190）
　　任务一　设计准备阶段 ………………………………（190）
　　任务二　方案设计阶段 ………………………………（192）
　　任务三　施工图设计阶段 ……………………………（198）

任务四　设计实施阶段 …………………………………（205）

项目六　室内设计实训…………………………………（212）

参考文献………………………………………………（222）

项目一　室内设计概述

任务一　室内设计的概念

一、室内设计的定义

室内设计是建筑设计的内延，其自身的发展史并不长。对其概念的理解不同的专家学者从不同的视角和不同的侧重点也给出了不同的观点。

有的学者认为：室内设计是根据建筑物的使用性质、所处环境和相应标准，运用物质技术手段和建筑美学原理，创造功能合理、舒适优美、满足人们物质和精神生活需要的室内环境。这一空间环境既具有使用价值，满足相应的功能要求，又反映了历史文脉、建筑风格、环境气氛等精神因素。

有的学者认为：室内设计是建筑设计的延续和深化，是建筑设计的孪生兄弟，是室内空间和环境的再创造。建筑是室内空间的载体，室内设计是在这个载体上进行再创造。开展创作活动不应离开建筑的本体，应反映建筑本体的内涵。

有的学者认为：室内设计是建筑的灵魂，是人与环境的联系，是人类艺术与物质文明的结合。

有的学者认为：室内设计是对建筑内部空间的二次设计，是建筑设计的内延，是建筑设计再次生活化、艺术化。它是对建筑内部围合的空间的重构与再建，使之能适应特定功能的需要，符合使用者的目标要求，是对装饰技术、工艺、建筑本质、生活方式、视觉艺术等方面进行整合的工程设计。

《辞海》里把室内设计定义为：对建筑内部空间进行功能、技术、艺术的综合设计。根据建筑物的使用性质（生产或生活）、所处环境和相应标准，运用技术手段和造型艺术、人体工程学等知识，创造舒适、优美的室内环境，以满足使用和审美要求。

国外学者认为：室内（Interior）其实是指被墙面、地面和顶面所围合而成的空间。该空间一般总有一个或多个出入口，也有一个或更多个像窗这样的开口，以解决它的通风与采光问题。围合该空间的元素形状可以是各种各样的，其用材也可以是丰富多彩的。室内的最大特点在于它是有顶面的，可以为人提供遮风避雨的场所。

从以上国内外专家对室内设计的定义可以看出，虽然文字不尽相同，但是表达了同样的意思，即室内设计和建筑设计密不可分，室内设计是为人们创造更舒适的生活环境等。

现代室内设计的整个过程是一个创新的活动，是一个室内设计团队从谈单、初步设计、深入设计、预算到施工等的综合过程。现代室内设计所涉及的设计内容，不但技术含量高，而且艺术性也特别高，并与人体工程学、环境生态学、环境心理学、民俗学等形成了交叉学科。学生要想做一套有思想、有创意的室内设计方案，就需要掌握多学科的知识，掌握多种技术和技巧，如图1-1所示。

图1-1　带有浓郁地域风情的室内设计

二、室内设计与其他设计之间的关系

（一）室内设计与建筑设计的关系

从物质性的建筑本身看，室内设计与建筑设计分别维护和表现了同一事物的两个方面：建筑设计极力追求的是空间的外延性，室内设计则力求展示空间的内敛性。我国建筑大师戴念慈先生认为，建筑设计的出发点和着眼点是内涵的建筑空间，把"内涵的建筑空间"归属于建筑设计的出发点和着眼点，将二者统一于建筑质的本身。

从设计的思维和形成过程来看，室内设计"是建筑设计的继续和深化，是室内空间和环境的再创造"，是建筑设计的组成部分。就这一观点，建筑师普拉特纳曾指出：室内设计比设计包容这些内部空间的建筑物要困难得多，使建筑设计在思维过程中，通过对室内设计的重视及有意识的挑战，立体化地前进了一步。

综上，可以概括为：室内设计是与建筑外部造型"正向设计"相对应的"逆向设计"，是建筑设计建筑的第一性能的组成要件，是建筑第二性能的补充和说明；室内设计的"风格"依附建筑风格而存在，任何脱离建筑风格谈室内设计"风格"的想法是对风格的不完全认识。

（二）室内设计与家具设计的联系

家具是室内设计中的一个重要组成部分，与室内环境形成一个有机的统一整体。室内设计的目的是创造一个更为舒适的工作、学习和生活环境。在这个环境中包括天花板、地面、墙面、家具、灯具、装饰织物、绿化以及其他陈设品。而其中家具设计是陈设设计的主体，其一，是实用性，在室内设计中，家具与人的各种活动关系最密切；其二，是装饰性，家具是体现室内气氛和艺术效果的主要角色，如图1-2所示。

图1-2 室内气氛和艺术效果可以通过家具来体现

（三）室内设计与绿化设计的关系

绿化设计是室内设计最重要的组成部分，与室内设计密不可分。

利用植物达到内外空间的过渡与延伸，其手法常常为在公共空间的入口处布置花池、水池或盆栽，把悬吊植物吊在门廊的顶棚上或栏杆上，把大叶的花卉树木布置在进厅处等，都能使人从室外进入建筑内部有一种自然的过渡和连续感。可以利用植物来柔化空间，直线形和几何形构件是现代建筑空间所组成的集合体，给人生硬冷漠的感觉，利用室内绿化中植物独有的线条、形态的多姿多彩、质感的柔软、色彩的赏心悦目和影子的生动和谐，来改变人们对空间的印象并产生依赖、融合的情调，让大空间的生硬、冷漠得以改善，使人感到空间的适宜、和谐和亲切。利用植物可以提示与导向空间，把人们的注意力吸引过来，如图1-3所示。利用植物也可以限定与分隔空间。室内绿化主要是解决人—建筑—环境三者之间的关系，从而达到人与环境的和谐共生。

图1-3 室内绿化设计

三、装饰（或装潢）、装修与室内设计的区别

室内装饰（或装潢）：原义是指"器物或商品外表的修饰"，是着重从外表的、视觉艺术的角度来探讨和研究问题。例如，对室内地面、顶面、墙面等的艺术处理，装饰材料的选取，家具、陈设品、绿化、灯具的选择和搭配等。

室内装修则有最终完成的意思，它的侧重点是工程技术、施工工艺和构造做法等方面，也可以理解为在土建工程施工完成之后，对室内各界面、门窗、隔断等最终的装修工程。

室内设计：现代室内设计是综合的室内环境设计，它既包括视觉艺术、建筑物理环境和工程技术方面的问题，也包括声、光、热等物理环境、社会和经济因素以及氛围、意境等心理环境和文化内涵等内容。总之，"现代室内设计"一词远远超过室内装饰（或装潢）和室内装修的含义。

四、室内设计的基本观点

现代室内设计，从创造出满足现代功能、符合时代精神的要求出发，强调需要确立下述的一些基本观点。

（一）以满足人和人际活动的需要为核心

为人服务是室内设计社会功能的基石。室内设计的目的是通过创造室内空间环境为人服务，设计者始终需要把人对室内环境的要求，包括物质使用和精神需求两方面，放在设计的首位。现代室内设计需要满足人们的生理、心理等要求，需要综合处理人与环境、人际交往等多项关系，需要在为人服务的前提下，综合解决使用功能、经济效益、舒适美观、环境氛围等种种要求。设计及实施的过程中还会涉及材料、设备、定额法规以及与施工管理的协调等诸多问题。可以认为现代室内设计是一项综合性极强的系统工程，但是现代室内设计的出发点和归宿只能是为人和人际活动服务。

在室内空间的组织、色彩和照明的选用方面，以及对相应使用性质的室内环境氛围的烘托等方面，更需要研究人们的行为心理、视觉感受方面的要求。例如：教堂高耸的室内空间具有神秘感，如图1-4所示，会议厅规正的室内空间具有庄严感，而娱乐场所绚丽的色彩和缤纷闪烁的照明给人以兴奋、愉悦的心理感受。我们应该充分运用现时可行的物质技术手段和相应的经济条件，创造出首先是为了满足人和人际活动所需的室内人工环境。

（二）加强环境整体观

现代室内设计的立意、构思，室内风

图1-4 高耸神秘的海洋圣母教堂（胥偶拍摄）

格和环境氛围的创造，需要着眼于对环境整体的考虑。现代室内设计，从整体观念上来理解，应该看成是环境设计系列中的"链中一环"。

室内设计的"里"，和室外环境的"外"，可以说是一对相辅相成辩证统一的矛盾，正是为了更深入地做好室内设计，就愈加需要对环境整体有足够的了解和分析，着手于室内，但着眼于"室外"。当前室内设计的弊病之一是相互类同，很少有创新和个性，对环境整体缺乏必要的了解和研究，从而使设计构思局限、封闭。

香港室内设计师D. 凯勒曾认为旅馆室内设计的最主要的一点，应该是让旅客在室内很容易联想到自己是在什么地方。建筑师E. 巴诺玛列娃也曾提到：室内设计是一个系统，它与整体功能特点、自然气候条件、城市建设状况和所在位置，以及地区文化传统和工程建造方式等因素有关。环境整体意识薄弱，就容易就事论事，"关起门来做设计"，使创作的室内设计缺乏深度，没有内涵。当然，使用性质不同，功能特点各异的设计任务，相应地对环境系列中各项内容联系的紧密程度也有所不同。但是，从人们对室内环境的物质和精神两方面的综合感受来说，仍然应该强调对环境整体应予充分重视。

（三）科学性与艺术性的结合

现代室内设计的又一个基本观点，是在创造室内环境中高度重视科学性，高度重视艺术性，及其相互的结合。从建筑和室内发展的历史来看，具有创新精神的新的风格的兴起，总是和社会生产力的发展相适应。社会生活和科学技术的进步，人们价值观和审美观的改变，促使室内设计必须充分重视并积极运用当代科学技术的成果，包括新型材料、结构构成和施工工艺，以及创造良好声、光、热环境的设施设备。现代室内设计的科学性，除了在设计观念上需要进一步确立，在设计方法和表现手段等方面，也日益予以重视，设计者已开始认真地以科学的方法，分析和确定室内物理环境和心理环境的优劣，并已运用电子计算机技术辅助设计和绘图。贝聿铭先生早在20世纪80年代来沪讲学时所展示的华盛顿艺术馆东馆室内透视的比较方案，就是用电子计算机绘制的，这些精确绘制的非直角的形体和空间关系，极为细致真实地表达了室内空间的视觉形象。

（四）动态和可持续的发展观

我国清代文人李渔，在他室内装修的专著中曾写道："与时变化，就地权宜""幽斋陈设，妙在日新月异"，即所谓"贵活变"的论点。他还建议不同房间的门窗，应设计成不同的体裁和花式，但是具有相同的尺寸和规格，以便根据使用要求和室内意境的需要，使各室的门窗可以更替和互换。李渔"活变"的论点，虽然还只是从室内装修的构件和陈设等方面去考虑，但是它已经涉及了因时、因地的变化，把室内设计以动态的发展过程来对待。

现代室内设计的一个显著的特点，是它对时间的推移而引起的室内功能相应的变化和改变，显得特别突出和敏感。当今社会生活节奏日益加快，建筑室内的功能复杂而又多变，室内装饰材料、设施设备，甚至门窗等构配件的更新换代也日新月异。总之，室内设计和建筑装修的"无形折旧"更趋突出，更新周期日益缩短，而且人们对室内环境艺术风格和气氛的欣赏和追求，也是随着时间的推移而改变。

（五）时代感和历史文脉并重

人类社会的发展，不论是物质技术的，还是精神文化的，都具有历史延续性。追踪时代和尊重历史，就其社会发展的本质来讲是有机统一的。在室内设计中，在生活居住、旅游休息和文化娱乐等类型的室内环境里，都可以因地制宜地采取具有民族特点、地方风格、乡土风味，充分考虑历史文化的延续和发展的设计手法。这里所说的历史文脉，并不能简单地只从形式、符号来理解，而是广义地涉及规划思想、平面布局和空间组织特征，甚至设计中的哲学思想和观点。日本著名建筑师丹下健三为东京奥运会设计的代代木国立竞技馆，尽管是一座采用悬索结构的现代体育馆，但从建筑形体和室内空间的整体效果看，确实可说它既具时代精神，又有日本建筑风格的某些内在特征。

（六）突出主题，强调文化内涵

主题是空间的灵魂，它包含着民族特征、地域特征、历史文化等深层因素。室内设计的"主题"简单说就是赋予空间设计一个合适的、生动的标题，以标题统领整个空间的设计方向，组织空间的设计元素，创造具有独特内涵的、和谐统一的艺术空间。空间的"主题"就好比一篇文章的中心思想，把握着整个文章的创作脉络，充分传达作者的中心意图。它是空间设计理念的依据，是设计方案的思想和灵魂，是设计者创作的原动力，同时也是一种行之有效的设计方法和设计手段。

任务二　室内设计师

一、室内设计师的技术素质

（一）懂制图

室内设计师能熟练地画出符合国家规范的设计图纸和施工图，能看懂各种土建施工图纸，除了结构施工图纸外，对给排水（上下水）工程图、采暖工程图、通风工程图、电气照明与消防工程图等，也都能非常熟练地掌握。这对搞好室内装修设计十分重要，可以避免装修设计与土建设施发生冲突，能更周到、恰当地进行装修设计。

（二）懂透视学并能画彩色效果图

室内设计师能快速地画出室内透视骨架线图，做到透视准确无误。然后能把房间的空间感、质感、色彩变化、家具设备的主体感、光环境效果用马克笔、彩铅或水粉、水彩等正确地表现出来。虽然3D软件中是三维的坐标，不存在透视的太大局限性，但是现在很多设计师在面谈的时候就需要做出手绘效果图给客户展示，所以这也是需要具备的一项技术素质。

（三）熟悉各种土建材料和建筑装修材料

室内设计师应熟悉各种土建材料和建筑装修材料的性能、特点、尺寸规格、色泽、装饰效果和价格等，只有这样，在进行室内设计时才能正确地选用材料和恰当地搭配材料。

（四）具备测绘的知识与技能

室内设计师应具备测绘的知识与技能，能正确地做好现场实测记录，为设计收集资料，提供第一手的真实数据。

（五）必须会电脑辅助设计

室内设计师还必须会电脑辅助设计（CAD、3Dmax或者Sketchup、Photoshop），掌握用电脑绘制设计图、施工图和效果图的技巧。

二、室内设计师的艺术修养

一名出色的室内设计师需要具备的素养，除了过硬的专业基础知识、设计能力，还要有一定的艺术修养。丰富的艺术修养可以体现在设计师的设计中，更加灵动、有品味的设计感来源于富有艺术气息的设计，所以一个设计师的艺术修养是非常重要的，因为设计本就是一件艺术范围的工作，艺术修养的有无直接决定一个设计师的思维和想法，是否能够运用艺术性的思维去设计方案是设计师的水平体现。

三、室内设计的学科基础

一个合格的室内设计师，除了具备充分的艺术修养和相应的建筑与技术知识外，还必须充分了解与设计对象密切相关的使用者，即室内空间的使用者的基本生理行为规律和心理行为变化规律的知识，以及一些与室内设计相关的其他学科知识，并且能在设计实践中恰当地运用这些知识，才能够称得上是成熟的设计师。综合起来，这些相关的学科知识主要是研究室内环境的使用者生理和心理的学科领域，它们包括人体工程学和环境心理学等。

（一）人体工程学

人体工程学，在美国称为"人类工程学""人因工程学"；在欧洲有人称为"Ergonomics"；在日本被称为"人间工学"；我国目前称为工效学、人机工程学、人机学、人机控制学、运行工程学等。人体工程学的命名体现了"人体科学"与"工程技术"的结合。实际上，这一学科就是人体科学、环境科学不断向工程科学渗透和交叉的产物，它是以人体科学中的人类学、生物学、心理学、卫生学、解剖学、生物力学、人体测量学等为"一肢"，以环境科学中的环境保护学、环境医学、环境卫生学、环境心理学、环境监测技术等学科为"另一肢"，而以技术科学中的工业设计、工业经济、系统工程、交通工程、企业管理等学科为"躯干"，形象地构成了本学科的体系。从人体工程学的构成体系来看，其就是一门综合性的边缘学科，其研究的领域是多方面的，可以说与国民经济的各个部门都有密切的关系。在家务活动、休息及娱乐活动等室内设计范畴中，人体工程学研究以创造出高效率、减少疲劳、有利于身心健康的高质量的室内空间为宗旨。显然，应用人体工程学原理和方法是室内设计师面临的一门新课题。

（二）环境心理学

环境心理学是研究环境与人的心理和行为之间关系的一个应用社会心理学，又称人类生态学或生态心理学。这里所说的环境虽然也包括社会环境，但主要是指物理环境，包括噪声、拥挤、空气质量、温度、建筑设计、个人空间等。

环境心理学是从工程心理学或工效学发展而来的。工程心理学是研究人与工作、人与工具之间的关系，把这种关系推而广之，即成为人与环境之间的关系。环境心理学之所以成为社会心理学的一个应用研究领域，是因为社会心理学研究社会环境中的人的行为。而从系统论的观点看，自然环境和社会环境是统一的，二者都对行为产生重要影响。虽然有关环境的研究很早就引起人们的重视，但环境心理学成为一门学科还是20世纪60年代的事情。

噪声是许多学科所研究的课题，也是环境心理学的主要课题，主要研究噪声与心理和行为的关系问题。从心理学观点看，噪声是使人感到不愉快的声音。对噪声的体验往往因人而异，有些声音被某些人体验为音乐，却被另外一些人体验为噪声。研究表明，与噪声有关的生理唤起会干扰人体的正常工作，但是人们也能很快适应不至于引起身体损害的噪声，一旦适应了，噪声就不再干扰工作。

噪声是否可控，是噪声影响的一个因素，如果人们认为噪声是他们所能控制的，那么噪声对其工作的破坏性影响就较小；反之，就较大。人们习惯于噪声工作条件，并不意味着噪声对他们不起作用了。适应于噪声的儿童可能会丧失某些辨别声音的能力，从而导致阅读能力受损。适应于噪声环境也可能使人的注意力狭窄，对他人需要不敏感。噪声被消除后的较长时间内仍对认识功能产生不良影响，尤其是不可控制的噪声，影响更明显。

从心理学角度看，拥挤与密度既有联系，又有区别。拥挤是主观体验，密度则是指一定空间内的客观人数。密度大并非总是不愉快的，而拥挤却总是令人不愉快的。社会心理学家对拥挤提出各种解释，感觉超负荷理论认为，人们处于过多刺激下会体验到感觉超负荷，人的感觉负荷量有个别差异；密度—强化理论认为，密度高可强化社会行为，不管行为是积极的还是消极的，如观众观看幽默电影，在高密度下比在低密度下鼓掌的人数多；失控理论认为，高密度使人感到对其行为失去控制，从而引起拥挤感。

处于同样密度条件下的人，如果使他感到他能对环境加以控制，则他的拥挤感会下降。一般来说，拥挤不一定造成消极结果，这与一系列其他条件有关。社会心理学家还研究诸如城市人口密度以及家庭、学校、监狱等种种拥挤带来的影响和社会问题。对拥挤与密度的研究还体现在室内设计中人与人之间交往、相处的空间距离与方式。建筑结构和布局不仅影响生活和工作在其中的人，也影响外来访问的人。不同的住房设计引起不同的交往和友谊模式。高层公寓式建筑和四合院布局产生了不同的人际关系，这已引起人们的注意。国外关于居住距离对于邻里模式的影响已有过不少研究。通常居住近的人交往频率高，容易建立良好的邻里关系。

房间内部的安排和布置也影响人们的知觉和行为。颜色可使人产生冷暖的感觉，家具安排可使人产生开阔或挤压的感觉。家具的安排也影响人际交往。社会心理学家把家具安排区分为两类：一类称为"远社会空间"，另一类称为"亲社会空间"。在前者的情况下，家具成行排列，如车站，因为在那里人们不希望进行亲密交往；在后者的情况下，家具成组安排，如家庭，因为在那里人们都希望进行亲密交往。

个人空间是指个人与他人交往中自己身体与他人身体保持的距离。1959年，霍尔把人际交往的距离划分为8类：亲密距离近程为0～15 cm，是安危、保护、拥抱和其他全面亲密接触活动的距离。亲密距离远程为15～45 cm，有密切关系的人才使用这个距离，这个距离的典型性为耳语时。个体距离近程为45～75 cm，是互相熟悉、关系好的个人、朋友之间或情人之间的距离。个体距离远程为75～120 cm，是一般性朋友和熟人之间的交往距离。社交距离近程为1.2～2 m，更多的是不相识的人之间的交往距离，如社会交往中某个人被介绍给另外一个人认识，或在商店里选购商品时。社交距离远程为2～3.5 m，这正是商务活动、礼仪活动场合的距离，这里有礼貌，但不一定有友谊，两个团体在会晤时的距离就是这种交往距离的案例。公众距离多指公众场合讲演者与听众之间、学校课堂上教师与学生之间的距离。公众距离近程为3.5～7 m，如讲演距离；公众距离远程为7 m，严格说来公众距离远程已经脱离了个人空间，跨进公共空间领域，国家、组织之间的交往，属于这种空间，这里由礼仪、仪式的观念来控制。

空气污染对身体健康的影响早已引起人们的注意，但其心理后果却刚刚引起重视。1979年罗顿等的研究表明，在某些条件下，空气污染可引起消极心理和侵犯行为。一些研究表明，温度与暴力行为有关，夏日的温度可引起暴力行为增加。但是当温度达到一定点时再升高则不会导致暴力行为而导致嗜睡。温度也与人际吸引有关，在高温室内的被试者比在常温室内的被试者容易对他人做出不好的评价。上述这些方面和内容都是环境心理学研究的知识点，室内设计师也应当有所了解。

四、室内设计的学习过程

室内设计是技术与艺术综合的学科。这就决定了设计师的专业知识范畴是多方面的。初学者有限的学习时间对于众多需要掌握的知识来说往往是杯水车薪，因此掌握正确的学习方法和路径就显得尤其重要。学习本身就是一种能力的潜在表现，虽说无捷径可走，但还是有走弯路和少走弯路之分的。如果方法正确，可以少走弯路。

学习室内设计仅从书本到书本是很难学好的。首先应提倡的学习方法是"外师造化"。所谓外师造化就是向现实学习，在实践中学习，向传统的室内设计遗产学习，向国外先进的设计成果学习。从事这类学习的主要方法是做好专业笔记，以文字或绘图速写的方式，形象地记录优秀的作品，特别是吸引你的地方。记录下自己的心得与体会，并标明所用的材料、实物的尺寸以及所用的色彩。这样，天长日久自然会形成自己所拥有的庞大的资料库。必要时再加以分类、归纳，编成设计资料，一旦遇到设计课题，便可随时查阅，从他人的经验中一定会得到有益的启发。

要把已有的资料化为己有。对初学者来说尤为重要的是掌握一定的绘画技能，包括用绘画速写的方式来记录、表达客观的内容。这里的绘画速写是设计师的速写，它的功能是资料性的，因此要简单明了。有关设计资料所传达的种类信息，是绘画速写主要的表达内容。向大师的作品学习，采用其成熟的设计表达手法作为自己设计的开端，然后迈开探索新路的步子，是提高学习效率的好办法。但是，"外师造化"的目的在于认识客观世界，开拓自己专业认识的视野，最终的目标还是创造出有个性的作品，以至形成自己独特的设计风格。

室内设计的综合性的艺术特征，对学习者提出了向其他艺术门类学习的要求。因为，了解其他艺术门类的创作特点，了解其材料、创作方法和制作过程，才有可能具备共同的艺术语言基础，从而开展艺术设计上的合作。更有意义的是，向其他艺术门类学习还能拓宽自己的艺术视野，如从传统绘画中线描的表现到画面的追求，从西洋绘画的明暗、色彩造物到物象的精神刻画，从民间工艺品的制作到现代工业产品的设计等，都能使室内设计师学习到多种而有效的表现手法，进而不断提高自己的造型艺术修养，为个人良好表达能力的培养、室内设计基础的奠定储备能量，再深入时就不会为解决上述问题而影响对主要问题的关注。

室内设计中，最需要关注的问题是内部空间关系的研究。首先要重视的是功能问题的分析。任何一个内部空间都要满足使用者提出的许多使用要求。科学地分析功能问题的方法是学习的重点。学会用图式的方法来做功能分析，既省时间又简明扼要。借助各种图形来分析功能比口头、文字上的探讨更有说服力，这对有条理地展开具体的设计程序具有指导意义。掌握室内空间使用功能的分析手段，目的在于抓住主要矛盾，弄清室内空间的主从关系。而更重要的是，使那些被分析的内在关系变成具体的空间关系。

室内设计师的工作所受的限制是很多的，在这个阶段，核心的学习任务是：在受到限制的情况下取得室内设计上的空间意境的创新。一般来讲，室内设计师受到的最大限制是来自于原有建筑中的一些不可变动因素。特别是在旧建筑室内改造的设计活动中，原建筑结构必须得到完全的保留，而问题正是在于如何处理原有结构。对于初学者来讲，认识这种结构，学会借助原有结构去改造室内空间，从难入手，也是收益最多的学习方法。尤其是保护类建筑的室内空间改造，原有的一切建筑构件必须得到充分尊重，设计工作难度更大。设计师就不得不去研究旧建筑的空间体量、结构形式，去分析色彩效果，选择材料，去提炼空间符号，从而在整体上创造出一种协调的气氛。

学习室内设计的另一有效的方法是参与建筑师的总体设计或共同完成一件建筑作品。这也是我们主张的治学方法。我们认为建筑的内外空间是一个界面的两个方面。结合内外空间来综合地思考、安排不同尺度的建筑结构、材料、色彩以及室内陈设和装饰品，易取得完整的空间效果。这种从建筑入手，学习室内设计的方法是一种理想和有效的方法。但是，由于技术与艺术的分离，许多从事室内设计的人很难找到这样的环境。如果现实条件不允许，初学者还是应该设法通过自己的努力补上这一课，或者一开始就接触一定的建筑设计知识，这有助于在室内环境设计时时刻保持清醒、整体的设计观念。

室内设计专业的学习过程是紧张而又丰富多彩的，资料的积累、设计方法的研究、表现技巧的训练等，都需要一定的时间和经历，唯一的方法是从理论到实践的多次探索。图式的表达则是室内设计学习的重要方面，将我们所看到的、感悟到的、设想到的一切，都用直观的图形表现出来，是一种良好的职业习惯。室内设计的学习就是从一种良好习惯的培养开始的。

任务三　室内设计风格及其演变

一、室内设计传统风格

室内设计传统风格一般指以"设计为大众"为理念的现代主义设计产生之前的设计风格，大致可分为西方传统风格和东方传统风格。

（一）西方传统风格

西方传统风格主要指欧式传统风格，根据不同的时期常被分为古罗马式风格、哥特式风格、文艺复兴风格、巴洛克风格、洛可可风格等5大主要风格。西方传统风格的重要特点之一是普遍采取拱与柱相结合的空间结构，特别是柱子因其形式精巧独特而成为欧式传统风格设计的主要表现特征，包括多立克柱、爱奥尼克柱、科林斯柱以及罗马的塔斯干柱和混合柱式这"五大经典柱式"；其重要特点之二是非常讲究装饰，在室内布置、造型、色彩、家具、陈设、绿化等方面追求繁复华丽的设计，讲究曲线趣味、非对称法则及花草图案的应用，反映出特定历史背景下室内设计的特征。

1.古罗马式风格

古罗马式建筑兴起于公元9～15世纪，是欧式基督教堂的主要建筑形式之一。古罗马式建筑线条简单明确，造型厚重、敦实，多用浮雕和雕塑，部分建筑具有封建城堡的特征，是教会威力的化身。古罗马式风格以豪华、壮丽、庄重、神秘为特色。

券柱式造型在两柱之间形成一个券洞，并与柱子结合，创造出极富兴趣的装饰性柱式，成为西方室内装饰最为鲜明的特征，也是现代室内设计中古罗马式风格的常用样式。

代表作为古罗马斗兽场，如图1-5所示；古罗马最古老的凯旋门——提图凯旋门，如图1-6所示。

图1-5　古罗马斗兽场（胥倜拍摄）

图1-6　古罗马最古老的凯旋门——提图凯旋门（胥倜拍摄）

2. 哥特式风格

公元2世纪罗马风盛行时，在法国巴黎教堂出现了一种建筑风格，称为"法国式"，后来这种风格以摧毁古罗马文明的哥特人的名字命名为哥特式建筑风格。13～15世纪流行于欧洲，主要见于天主教堂，其结构体系由石头的骨架券和飞扶壁组成，基本单元是在一个正方形或矩形平面四角的柱子上形成拱顶。哥特式建筑与古罗马式建筑风格恰恰相反，它以动式取胜，统贯全身、针刺苍穹的垂直线条，锋利的尖顶是其主要特征，是超凡入胜的宗教意志的集中表现。

哥特式建筑的室内空间空旷、单纯、统一。最显著的特征是尖券形式的应用比较多，如细高塔尖和拱形尖顶的门窗，给人一种高耸入云之感；家具也模仿哥特式建筑上的某些特征，如尖拱、尖顶、细柱、垂饰罩、连环拱廊、线雕或透雕的镶板装饰等；华盖、壁龛等装饰细部也都呈尖券造型，使人感到上帝的威严，具有强烈的宗教色彩。

代表作为法国巴黎圣母院，如图1-7所示；亚眠主教堂、兰斯主教堂、沙特尔主教堂和博韦尔主教堂被称为法国四大哥特式教堂。

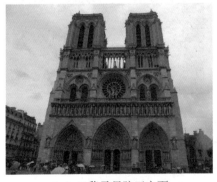　　

（a）巴黎圣母院正立面　　　　　　（b）巴黎圣母院内部

图1-7　巴黎圣母院（胥倜拍摄）

3. 文艺复兴风格

文艺复兴建筑风格产生于15～16世纪的意大利，是继哥特式建筑之后出现的一种建筑风格，在文艺复兴建筑中占有重要的地位。后传播到欧洲其他地区，形成带有各自特点的各国艺术复兴建筑。从类型、形式各方面既体现统一的文艺复兴特征，又积极鼓励艺术家发挥艺术个性，因此极大促进了建筑及室内设计的发展，并呈现空前繁荣的景象，这是世界建筑史上一个大发展和大提高的时期。

文艺复兴风格最明显的特征是摒弃了中世纪时期的哥特式建筑风格，而在宗教和世俗建筑中重新采取古希腊罗马时期的柱式构图要素，灵活变通，大胆创新，甚至将各个地区的建筑风格与古典柱式融合在一起，强调人性的文化诉求，以人体美的对称、和谐为基本思想，结合文艺复兴时期的科学技术，如将力学、绘画中的透视规律、新的施工工具等运用于建筑创作实践中去，形成表面雕饰细密、效果华丽的新风格。

代表作为佛罗伦萨大教堂，如图1-8所示。

（a） （b）

图1-8 佛罗伦萨大教堂（邓海娜拍摄）

4. 巴洛克风格

巴洛克这个词源于葡萄牙语，意思是畸形的珍珠；另一种说法认为该词来源于意大利语，意为奇形怪状、矫揉造作。这个词最初出现略带贬义色彩。巴洛克建筑风格非常复杂，历来对它的评价褒贬不一，尽管如此，它仍造就了欧洲建筑和艺术的又一个高峰，其影响远至俄罗斯和美洲。巴洛克建筑是17～18世纪在意大利文艺复兴建筑基础上发展起来的。意大利文艺复兴运动所倡导的个人自由创作精神，演变出在形式上追求更大自由的巴洛克风格。

意大利罗马的耶稣会教堂被认为是巴洛克设计的第一件作品，其正面的壁柱成对排列，在中厅外墙与内廊外墙之间有一对大涡券，中央入口处有双重山花，这些都被认为是巴洛克风格的典型手法。

代表作为罗马耶稣会教堂，被称为第一座巴洛克建筑。还有法国凡尔赛宫的部分殿堂，凡尔赛宫的室内如图1-9所示。

（a）

（b）

图1-9　凡尔赛宫室内（徐可拍摄）

5. 洛可可风格

同"巴洛克"一样，"洛可可"一词最初也含有贬意。该词来源于法文，意指布置在宫廷花园中的人工假山或贝壳作品。1699年建筑师、装饰艺术家马尔列在金氏府邸的装饰设计中大量采用这种曲线形的贝壳纹样，由此而得名。洛可可建筑风格以欧洲封建贵族文化的衰败为背景，表现了没落贵族阶层颓丧、浮华的审美理想和思想情绪。他们无法忍受古典主义的严肃理性和巴洛克的喧嚣放肆，追求华美和闲适。

洛可可建筑的特征表现为总体上追求豪华、轻盈、华丽、精致、细腻，强调艺术形式的综合表现手法。例如在建筑上重视建筑与雕刻、绘画的综合，吸收文学、戏剧、音乐等领域的一些元素和想象，创造既有宗教特色又有享乐主义色彩的建筑风格。具体来说，其室内喜欢用不对称且高耸、纤细的形体，如方向多变的C、S形或涡卷形曲线、弧线，以达到极力强调运动感受的目的；装饰多采用花环、花束、弓箭、贝壳等图案纹样，并常用大镜面作装饰；色彩方面善用金色和象牙色，色彩明快、柔和、清淡却豪华富丽；在制作工艺方面注重结构、线条婉转柔和的特点表现。

代表作为巴黎凡尔赛宫皇后寝宫（见图1-10）、德国维斯朝圣教堂（见图1-11）。

（a）

（b）

图1-10　巴黎凡尔赛宫皇后寝宫（徐可拍摄）

图1-11 德国维斯朝圣教堂

（二）东方传统风格

东方传统风格一般以传统中式风格、传统日式风格、传统伊斯兰风格为代表。

1.传统中式风格

在西方设计界流传着一种观点："没有中国元素，就没有贵气"，中式风格的魅力可见一斑。中国传统风格的室内设计具有中国传统文化的特征，不管是空间的布局，还是装饰风格，都体现其内在的含蓄风格，而传统的设计元素也越来越多地被当今世界设计师所借鉴。

中国传统文化源远流长，中国传统室内设计是伴随着木构架建筑体系产生和发展起来的，至今已经具有数千年的历程。在世界室内设计发展史中，中国传统室内设计占有极其重要的地位，并以自身的文化特质而独树一帜。

20世纪末，随着中国经济的不断复苏、室内设计专业的兴起，以及对中国文化的再认识，许多设计师开始审视具有中国风的传统设计。传统中式风格以木质材料为主要装饰材料，以中国传统文化及纹样为装饰元素，表现了中国特有的历史文明。由于中国地域宽广，一般分为北方宫殿风格与南方居民风格两类，北方宫殿建筑室内气势恢宏、壮丽华贵，高空间，大进深，雕梁画栋、金碧辉煌，尽显皇族贵气；而南方居民建筑室内风格则常用灰墙黛瓦等民间材料及色彩显现江南特有的朴素与秀丽。但就两者相比较而言，尤以北方宫殿建筑风格为传统中式风格的代表，应用于各大餐饮、酒店、会所等大型公共空间。但传统中式风格的装修造价较高，且略缺乏现代气息。

中国传统室内设计的特征可以归纳为5点。

1）室内外一体化

从外观上看，中国传统建筑是内向和封闭的，城有城墙，宫有宫墙，园有园墙，院有院墙……几乎所有的建筑都通过墙体而形成一个范围界限。但与此同时，墙内的建筑又是开放的，这些建筑的内部空间都以独特的方式与外部院落空间相联系，形成了内外一体的设计理念。中国传统建筑中常见的内外一体化的处理手法有4种：

第一是通达。即内部空间直接面对着庭院、天井。在中国的传统建筑中常常使用隔扇门，如图1-12所示，它由多个隔扇组成，可开、可闭、可拆卸。开启时，可以引入天然光和自然风；拆卸时，可使室内与室外连成一体，使庭院成为厅堂的延续。更有甚者不用门扇，而直接使用栏杆，这种方式使内外空间更加交融。

隔扇结构

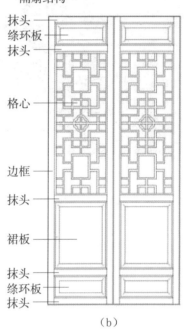

（a）　　　　　　　　　　　（b）

图1-12　隔扇门

第二是过渡。许多房屋都设有回廊或廊道，廊就是一个过渡空间，它使内外空间的变换更加自然，如图1-13所示。

图1-13　传统建筑中的廊道

第三是扩展。建筑中常常通过挑台、月台的形式把室内的空间拓展到室外。"台"本身分割出了一块人工化的场地，但它又只是一种平面上的分割，而非三维的绝对隔离，从空间和情感上都与大自然更加亲近，如图1-14所示。

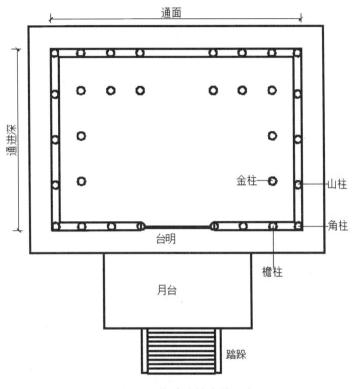

图1-14　传统建筑中的月台

第四是借景，"巧于因借，精在本宜"。"借景"是中国造园的一种重要手法，"景到随机"，园林中凡是能触动人的景观，都可以被借用，正如计成在《园冶》中所说："轩楹高爽，窗户虚邻，纳千顷之汪洋，收四时之烂漫。"借景的方式有多种，如远借、近借、仰借、俯借等。

中国传统建筑的上述特征，对今天的室内设计仍有重要的意义。它表明，室内设计应该充分重视室内室外的联系，尽量地把外部空间、自然景观、阳光乃至空气引入室内，把它们作为室内设计的构成要素。

2）布局灵活化

中国传统建筑的平面以"间"为单位，由间成栋，由栋成院。建筑中的厅、堂、室可以是一间，也可以跨几间。厅、堂、室的分隔有封闭的，有通透的，更多的则是"隔而不断"，相互渗透。如何使简单规格的单座建筑富有不同的个性，在室内主要依靠灵活多变的空间处理。例如一座普通的三五间小殿堂，通过不同的处理，可以成为府邸的大门、寺观的主殿、衙署的正堂、园林的轩馆、住宅的居室、兵士的值房等完全不同的建筑。室内空间处理主要依靠灵活的空间分隔，即在整齐的柱网中间用板壁、隔扇、帐幔和各种形式的花罩、飞罩、博古架隔出大小不一的空间，有的还在室内上空增加阁楼、回廊，把空间竖向分隔为多层，再加以不同的装饰和家具陈设，使得建筑的性格更加鲜明。另外，天花吊顶、藻井、彩画、匾联、佛龛、壁藏、栅栏、字画、灯具、幡幢、炉鼎等，在室内空间艺术中都起着重要的作用。

3）陈设多样化

室内空间的内含物涉及多种艺术门类，是一个包括家具、绘画、雕刻、书法、工艺品在内的"大家族"，其中书法、盆景和大量民间艺术品具有浓厚的民族特色，是其他国家少有的。

用书法装饰室内的方法很多，常见的有悬挂字画和屏刻等，如图1-15所示。在传统建筑中还有在厅、堂悬挂匾额，如图1-16所示，内容往往为堂号、室名、姓氏、祖风、成语或典故等，对联有门当、抱柱、补壁。

图1-15 室内装饰字画

图1-16 厅、堂的匾额

中国的民间工艺品数不胜数，福建的漆器、广西的蜡染、湖南的竹编、陕西的剪纸、潍坊的风筝、庆阳的香包等，无一不是室内环境的最佳饰物。

纵观中国传统建筑的室内陈设，可以看出以下两点：一是重视陈设的作用。在一般建筑中，地面、墙面、顶棚的装修做法是比较简单的，但就是在这种装修相对简单的建筑中，人们总是想法设法用丰富的陈设和多彩的装饰美化自己的环境。陕西窑洞中的窗花，牧人帐篷中的挂毯，北方民居中的年画等都可说明这一点。二是重视陈设的文化内涵和特色。例如书法、奇石、盆景等，不仅具有美化空间的作用，更有中国传统文化的内涵，是审美心理，人文精神的表现，包含丰富的理想、愿望和情感。

4）构件装饰化

中国传统建筑以木结构为主要体系，在满足结构要求的前提下，几乎对所有构件都进行了艺术加工，以达到既不损害功能又具装饰价值的目的。例如撑弓，如图1-17所示，原本只是用于支撑檐口的端木，但逐渐加入线刻、平雕、浅浮雕、高浮雕、圆雕、透雕来装饰，造型也变得更加丰富。又如柱础（柱脚下垫的石头），如图1-18所示，在满足基本的防潮功能的前提下，人们不断对它进行艺术加工，唐代喜欢在柱础上雕莲瓣；宋、辽、金、元时，除使用莲瓣外，还使用石榴、牡丹、云纹、水纹等纹样；到了明清，不仅纹样多变，柱础的形状也有了变化，除了圆形，还有六角的、八角的、正方的等。

图1-17　撑弓

图1-18　柱础

5）象征化图案

象征，是中国传统艺术中应用颇广的一种艺术手段，《辞海》对象征的解释为：通过某一特定的具体形象以表现与之相似的或接近的概念、思想和情感。就室内装饰而言，是用直观的形象表达抽象的情感，达到因物喻志、托物寄兴、感物兴怀的目的。

在中国传统建筑中，表达象征的手法主要有三种：

形声：即利用谐音，使物与音义相应和，表达吉祥、幸福的内容。如：金（玉）鱼满堂——图案为鱼缸和金鱼；富贵（桂）平（瓶）安——图案为桂花和花瓶；万事（柿）如意——万字、柿子、如意；五福（蝠）捧寿——图案为五只蝙蝠和蟠桃等，如图1-19所示。

图1-19　五福（蝠）捧寿

形意：即利用直观的形象表示延伸了的而非形象本身的内容。在中国传统建筑中，有大量以梅、兰、竹、菊为题材的绘画或雕刻。古诗云"未曾出土先有节，纵凌云处也虚心"，自古以来，人们已经把竹的"有节"和"空心"这一生态特征与人品的"气节"和"虚心"作为异质同构的关联。除上述梅、兰、竹、菊之外，还常用石榴、葫芦、葡萄、莲蓬寓意多子，如葫芦、石榴或葡萄架上缠枝绕叶，表现"子孙万代"；用桃、龟、松、鹤寓意长寿；用鸳鸯、双燕、并蒂莲寓意夫妻恩爱；用牡丹寓意富贵；用龙、凤寓意吉祥等。

符号：符号在思维上也蕴含着象征意义。在室内装饰中，这类符号大多已经与现实生活中的原形相脱离，而逐渐形成了一种约定俗成、为大众理解熟悉的室内外设计要素。

2. 传统日式风格

13～14世纪日本佛教建筑继承10世纪的佛教寺庙、传统神社和中国唐代建筑的特点，采用歇山顶、深挑檐、架空地板、室外平台、横向木板壁外墙及桧树皮茸屋顶等，逐渐形成日本和式建筑。日本和式建筑结构追求自由，建筑高度不高，与自然和谐共生，主张建筑与大自然浑然一体，致力于建造温馨亲切的空间氛围。其建筑思想直接影响了室内风格的形成，其内部空间设计重视实际功能，追求深邃禅意境界，空间气氛朴素、文雅，形成以物质上的"少"去寻求精神上的"多"的独特设计思想，让人静静地思考，禅意无穷。

传统日式风格室内特征有：

室内空间尺度不大，造型采用清晰的线条，善于使用简朴又便于加工制作的方格形，空间有较强的平面感；室内多用平滑式推拉门扇分隔空间，又称为障子，打开和关闭都比较方便，讲究空间的流动与分隔，流动则为一室，分隔则可以分几个功能空间；

空间内部布置极为简洁,家具极少,以茶几为视觉上的中心。

室内大量地使用木装修,如天花、隔断、茶几多为木质材料;木质材料的使用使得室内色彩以木色和白色为主,整体色调素洁、淡雅。

室内家具造型较简单,带有东方传统家具的神韵。

榻榻米也称"叠席",就是房间里供人坐或卧的一种家具。日本本土的榻榻米吸取了中国盛唐时期的榻榻米造型,本身是睡觉的床。由于榻榻米的地板下部便于通风,可以缓解岛国潮湿的环境带来的不适感。

枯山水是源于日本本土的缩微式园林景观,是日式室内的特有陈设装饰,多见于小巧、静谧、深邃的意境营造。在其特有的环境氛围中,利用白砂石铺地、叠放有致的几尊石组创造禅意世界,如放置在介于中国庭院与山水盆景之间的空间尺度的水庭院,在居住空间拉开障子就可以直接观赏。

代表作为寺院、神社、茶室,如图1-20所示。

图1-20 日本茶室(徐可拍摄)

3.传统伊斯兰风格

欧洲古典式建筑虽端庄方正但缺少变化的妙趣;哥特式建筑虽俊俏雄伟,但雅味不足;印度建筑表现宗教的气息过于浓厚;伊斯兰建筑则奇想纵横,庄重而富变化,雄健而不失雅致。

伊斯兰艺术中重要的部分就是建筑和装饰艺术。建筑与装饰的融合、绚烂的纹样艺术、丰富亮丽的对比色,表现出阿拉伯风格中最显著的特点,即多元与统一。

伊斯兰风格最重要的特点是东西合璧。室内色彩跳跃华丽,其表面装饰突出粉画,彩色玻璃面砖镶嵌,门窗用雕花、透雕的板材做栏板,并常以石膏浮雕做装饰;伊斯兰风格中还多采用文字作为装饰元素,以纳斯希体最为普遍。

代表作为扎伊德清真寺,如图1-21所示。这是中东阿拉伯联合酋长国最大的清真寺,位于首都阿布扎比,建筑群主体采用来自希腊的汉白玉包裹着,内部装饰金碧辉煌。

（a）扎伊德清真寺室内　　　　　　　　　　（b）扎伊德清真寺室外

图1-21　伊斯兰风格的扎伊德清真寺

二、室内设计现代风格

现代风格又叫现代主义风格或功能主义风格，是工业社会的产物，是20世纪诸多建筑及室内思潮中最重要和影响最深远的风格。现代主义风格起源于1919年成立的包豪斯学派，20世纪20年代基本形成，20世纪50～60年代达到高潮。该风格以包豪斯设计学派为主要代表，针对传统的装饰主义以及当代的历史背景和社会发展情况，沿袭了近代一些流派的设计思想，进一步提出并推进了现代主义思想理念，为后期的建筑设计以及室内设计开拓了广阔的设计方向和发展空间。现代主义风格主张一切从实用出发，重视功能与空间组织的合理性，强调形式服从功能，崇尚合理的构成工艺，发挥结构构成本身的形式美，这与过去崇尚装饰大相径庭，是一次关于美学、人文、建筑多项领域的理念颠覆；尊重材料的性能，讲究材料自身的质地和色彩的配置效果，重视实际的工艺制作，强调设计与工业生产的联系；发展了非传统的以功能布局为依据的不对称的构图手法。此外，现代主义风格更在设计思想上是一次前所未有的重大革命，第一次提出设计要为广大的人民大众服务，彻底改变设计服务对象的设计理念，体现了设计的民主主义倾向和社会主义倾向；同时，现代主义风格也充分利用了技术上的进步，特别是新材料，如钢筋混凝土、平板玻璃、钢材的运用。

现代主义风格适应了当时大工业生产和生活的需要，讲究建筑功能、技术、经济效益与和谐，这一思想也成为包豪斯学派宣扬的理论。该学派的创始人W.格罗皮乌斯提出的"艺术与技术新统一"观点成为现代主义风格具有指导意义的重要理论。那个时期，还出现了许多代表性人物、言论和派别，比如沙利文提出的"形式服从功能"、路斯提出的"装饰是罪恶"、密斯提出的"少即是多"；比如国际派、白色派、光洁派、风格派、装饰艺术派等派别。

国际派风格是室内设计追求室内空间开敞、内外通透，不受承重墙限制的自由平面设计。室内墙面、地面、天棚及家具、陈设、绘画、雕塑、灯具、器皿等均以简洁的造型、纯洁的质地、精细的工艺为特征，突出整体感受。同时，尽可能不用装饰和取消多余的东西，认为任何复杂的设计、没有实用价值的特殊部件及任何装饰都会增加建筑价格，强调形式应更多地服务于功能。在室内空间选用不同的工业产品家具和日用品时，强调建筑及室内部件尽可能使用标准部件，门窗尺寸根据模数制系统设计。

代表作为密斯在纽约设计的西格莱姆大厦，如图1-22所示；意大利设计家吉奥·庞蒂在米兰设计的佩莱利大厦。

白色派是现代主义风格中的一种，在很多方面是国际派风格的延续。白色派的室内设计朴实无华，室内各界面以至家具等常以白色为基调，简洁明亮，如美国建筑师迈耶设计的史密斯住宅。白色派的室内空间，并不仅仅停留在简化装饰、选用白色等表面处理上，而是具有更为深层的构思内涵，设计师在设计室内环境时，综合考虑了室内活动着的人以及透过门窗可见的变化着的室外景物，由此，从某种意义上讲，室内环境只是一种活动场所的"背景"，从而在装饰造型和用色上不做过多渲染。

在白色派的室内设计中，空间和光线是重要因素，往往予以特殊强调。通常在室内装修选材时，墙面和顶棚一般为白色材质，或在白色中带些隐约的色彩倾向。在大面积白色材质的情况下，装修的结构部位、边框部位有时采用其他色质的材料，以取得大面积材料统一、小面积材质对比、提神的效果。此外，在运用白色材料时通常要显露材料的肌理效果，如突出白色云石的自

图1-22　纽约西格莱姆大厦

然纹理和片石的自然凹凸，以取得生动的效果。或使用显露木材棕眼、纹理的白色漆饰板材，具有不同织纹的装饰织物、编织材料，常采用淡雅的自然材质地面覆盖物，也常使用浅色调或灰色地毯，也可使用一块色彩丰富、有几何图形的装饰地毯来分隔大面积的地板。在陈设艺术品、日用品选用上常采用简洁精美、颜色鲜艳的原则，以形成室内色彩的重点，与白色背景形成鲜明的对比，起到明显的点缀作用。

光洁派是在国际派的基础上，进一步强化室内建筑空间的合理性和流动性，更加强化室内空间的开敞通透，弱化多余的装饰和累赘的点缀。空间和光线是光洁派室内设计的重要因素，为使空间更加明亮，与室外环境更好地通透和连贯，窗口、门洞的开启较大，通常采用卷轴式、垂直式遮帘和软百叶窗，以便于室内采光和通风，使室内空间流通，隔而不断，具有活泼、宽敞的感觉。光洁派室内空间中使用玻璃、金属、塑料等硬质光亮材料较多，简化室内梁、板、柱、窗、门、柜等所有构成元素，天花板、地面、墙面大多光洁平整，部分装饰材料会显示材料本身的质感和肌理效果。在室内装饰上采用几何图形的装饰纹样和现代版画的鲜艳色彩，显示出令人愉快的现代装饰特点。室内没有多余的家具，每一件家具都经过了认真的挑选，来满足特定的需要，常选用色彩明亮、造型独特的工业化产品。室内陈设通常选用盆栽观叶植物，为室内增添情趣。此外，往往会将个别家具安放在特定的位置，起着室内雕塑的作用。

风格派起始于20世纪20年代的荷兰，是以画家蒙德里安和建筑师里特维尔德等为代表的艺术流派，强调纯造型的表现，要从传统及个性崇拜的约束下解放艺术，风格派室内装饰和家具常常采用几何形以及红、黄、蓝三原色，间或以黑、灰、白等色彩相搭配。风格派的室内空间，在色彩及造型方面都具有极为鲜明的特征与个性。建筑与室内常以几何方块为基础，对建筑室内外空间采用内部空间与外部空间穿插统一构成一体的手法，并以屋顶、墙面的凹凸和强烈的色彩对块体进行强调。

装饰艺术派起源于20世纪20年代法国巴黎召开的一次装饰艺术与现代工业国际博览会，后传至美国等地。这种装饰风格不仅反映在建筑设计上，而且对家具、陶瓷、绘画、图案及书籍等都有着强大的影响力，后期更扩展至建筑及室内设计，成为当时一种主要趋势。

装饰艺术派的主旨为冲破古典主义的繁复教条，营造一种高雅精致的美感；主张装饰动机与新材料混合运用，强调豪华昂贵的材料和光滑亮丽的质感，多为权贵和精英设计；善于运用多层次的几何线型及图案，重点装饰于建筑内外门窗线脚、檐口及建筑腰线、顶角线等部位；受舞台艺术和汽车设计的影响，采取多样的装饰构思和独特的色彩系列以及夸张的材质运用，具有大胆的想象成分和时代感。上海早年建造的老锦江宾馆及和平饭店等建筑的内外装饰，均为装饰艺术派的手法。近年来一些宾馆和大型商场甚至住宅空间的室内，出于对既具时代感，又有建筑文化以及高贵气息的内涵考虑，常采用装饰艺术风格进行室内空间的设计。

三、室内设计后现代主义风格

"后现代主义"一词最早出现于西班牙作家德·奥尼斯1934年出版的《西班牙与西班牙类诗选》一书中，用来描述现代主义内部发生的逆动，尤其是有一种对现代主义纯理性的逆反心理。这是因为进入现代主义后期，一些设计师对于建筑设计和室内空间设计不再只满足于使用功能方面的简单成就，而是要在设计中体现出设计师独有的思想和特点，这样就在现代主义的基础上得以更为宽泛的发展和延续，形成各种不同的派别。之所以称作后现代主义，是因为这些派别仍然延续着现代主义的空间思想而不是古典主义的装饰理念，在空间布局和感觉上还受现代主义的很大影响，只不过在表现形式、材料运用和装饰特征上有所突破，形成每个派别独有的特点。

20世纪60年代以来，在美国和西欧都相继出现了反对和修正现代主义建筑的思潮，认为现代主义建筑虽然形式简约、适于大众，但过于冰冷，没有装饰，需要新的建筑形式出现。1966年美国建筑师文丘里作为后现代主义的代表人物，在《建筑的复杂性和矛盾性》一书中提出"吸取民间建筑的手法，在现代主义建筑中继续保持传统"的主张。虽然后现代主义风格提出了新的设计理念，但某种程度上，它只是一种形式上的折中主义和手法主义，是表面的东西。因此，反对后现代主义的人认为现代主义是一次全面的建筑思想革命，而后现代主义不过是建筑中的一种流行款式，不可能长久，两者的社会历史意义不能相提并论。

后现代主义风格强调形态的隐喻、符号和文化、历史的装饰主义；强调新旧融合、兼容并蓄的折中主义立场；强调设计手段的含糊性和戏谑性。主要包括后现代风格、高技派、解构主义风格和银色派等。

后现代风格反对现代主义 "少即是多" 的观点，强调建筑及室内设计应具有历史的延续性，但又不拘泥于传统的逻辑思维方式，要探索创新造型手法，讲究人情味，使建筑设计和室内设计的造型特点趋向繁多和复杂。在设计过程中强调象征隐喻的形体特征和空间关系，把传统建筑或室内构建通过新的手法加以组合，或者将建筑或室内元件与新的元件混合、叠加，最终表现了设计语言的双重译码和含混的特点。这类风格在室内设计中构图变化的自由度大，时常采用夸张、变形的柱式和断裂的拱券，或把古典构件的抽象形式以新的手法组合在一起，采用非传统的混合、叠加、错位、断裂、折射、扭曲、矛盾共处等手法以及象征、隐喻的手法，以期创造一种融感性与理性、传统与现代于一体的"亦此亦彼"的建筑形式与室内环境。后现代风格在室内空间中大胆运用图案装饰和色彩，在家具、陈设艺术品选择上也常要突出其象征隐喻的意义。因此，后现代主义也常常被称作隐喻主义派或历史主义派。

高技派也称作重技派，突出当代工业技术成就，并在建筑形体和室内环境技术中加以体现。这种风格的设计崇尚"机械美"，讲究内部构造外翻，在室内空间中暴露梁板、网架等结构构件以及风管、线缆等各种设备和管道，显示内部构造和管道线路，无论是内立面还是外立面，都把本应隐匿起来的服务设施、结构构造显露出来，强调工业技术特征与时代感。

高技派在室内设计中不仅显示构造组合和节点，而且表现机械运动，强调透明和半透明的空间效果，体现过程和程序，在电梯、自动扶梯的传送装置处采用透明的玻璃、半透明的金属网、格子等来分隔空间。同时，高技派不断探索各种新型高质材料在空间结构中的运用，常常使用高强度钢材和硬质铝材、塑料以及各种化学制品作为建筑与室内空间的结构材料，建成体量轻、用材量少，能够快速、灵活地装配、拆卸和改建的建筑结构与室内空间，强调系统设计和参数设计的设计方法，着意表现建筑框架、构件的轻巧。在室内的局部或管道上常常涂红、绿、黄、蓝等鲜艳的原色，以丰富空间效果，增强室内的现代感。

代表作为法国蓬皮杜艺术与文化中心，如图1-23所示；中国香港的中国银行等。

（a）

（b）

图1-23　法国蓬皮杜艺术与文化中心

解构主义是在20世纪60年代，以法国哲学家J. 德里达为代表提出的哲学观念，是对20世纪前期欧美盛行的结构主义和理论思想传统的质疑与批判。建筑和室内设计中的解构主义对传统古典的构图规律和装饰手法采取否定的态度，强调不受历史文化与传统理性的约束，是一种貌似结构构成解体，突破传统形式构图，用材粗放的流派。解构主义刻意追求毫无关系的复杂性，无关联的片段与片段的叠加、重组，具有抽象的废墟般的形式和不和谐性。其热衷于对一切既有的设计规则进行理论肢解，打破了过去建筑结构重视力学原理横平竖直的稳定感、坚固感和秩序感。其建筑、室内设计作品给人以灾难感、危险感和悲伤感，使人产生与建筑的根本功能相悖的感觉。设计语言相对晦涩，无中心、无场所、无约束，具有设计者因人而异的任意性，强调和突出设计作品的表意功能。

解构主义的代表人物是弗兰克·盖里，代表作是古根哈姆博物馆，如图1-24所示。

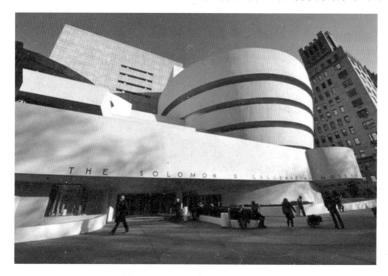

图1-24 古根哈姆博物馆

银色派也称光亮派，在室内设计中强调新型材料及现代加工工艺的精密细致及光亮效果，通常会在室内大量采用镜面玻璃和平曲面玻璃以及不锈钢、铝合金、磨光的花岗岩和大理石或新的高密度光滑面板等室内装修、装饰材料作为装饰面材。在室内环境的照明方面，银色派十分重视室内灯光的照明效果，常使用灯槽和反射灯等各类新型光源和灯具，在金属和镜面材料的烘托下，让光亮的装饰材料反光，以增加室内空间丰富的氛围效果，形成光彩照人、绚丽夺目的室内环境。银色派的室内设计喜欢使用色彩鲜艳的地毯和款式新颖、别致的家具及陈设艺术品，创造出具有光彩夺目、豪华绚丽、人动景移、交相辉映的室内效果。

四、自然主义风格

科技越发达，社会越进步，人们的生活距离自然就越远，这种距离使人们的内心对自然有一种天然的向往。自然主义风格倡导"回归自然"、"采菊东篱下，悠然见南山"的状态，美学上推崇自然、结合自然。在室内多利用一些天然的木、石材、藤、竹、织物等质朴的材质，营造自然、简朴、悠闲、舒畅、具有田园生活情趣的空间氛围。从美学及心理学角度来看，它是在科技高度发展、生活压力较大的今天，人们对自然悠闲的一种渴望和追求。

自然主义风格依据不同的地域，衍生出了中式田园、英式田园、美式田园、法式田园、欧式田园、韩式田园、南亚田园风格等。此类风格常用的元素有铁艺制品、磁盘、水果、小麦草、野花盆栽、小碎花布、摇椅等。

中式田园风格的基调是丰收的金黄色，尽可能选用木、石、藤、竹、织物等天然材料装饰。软装饰上常有藤制品，有绿色盆栽、瓷器、陶器等摆设。中式田园空间上讲究层次，多用隔窗、屏风来分割，用实木做出结实的框架，以固定支架，中间用棂子雕花，做成古朴的图案。中式田园风格中一般常用的装饰植物有万年青、玉簪、非洲茉莉、单药花、千叶木、地毯海棠、龙血树、绿箩、发财树、绿巨人、散尾葵、南天竹等。中式田园风格家具多用藤条为主要材料，采用更接近大自然的风情。

英式田园风格整体展现一种优雅精致、协调温馨的感觉。英式田园风格空间界面处理讲究简单，造型不多，但都以各色涂料粉刷界面，或选择质感温和的木质家具，家具多以奶白、象牙白等白色为主，高档的桦木、楸木等做框架，配以高档的环保中纤板做内板，优雅的造型、细致的线条和高档油漆处理。碎花、条纹、苏格兰图案是英式田园风格室内装饰永恒的主调，常常出现在室内空间华美的装饰布艺上，如天鹅绒窗帘或粗糙质感的棉织桌布，布面花色秀丽纷繁，色调和谐温馨，形成英式田园最有代表性的装饰手法之一。

法式经久不衰的葡萄酒文化，法国人轻松惬意、与世无争的生活方式使得法式田园风格具有悠闲、小资、舒适而简单、生活气息浓郁的特点。法式田园风格在色彩设计上讲求的是色彩的清新和明媚、素雅。法国人更喜欢白、蓝、红三种颜色。因此，在色彩设计上应以明媚的色彩设计方案为主色调，忌用过于馥郁浓烈的色彩，以及用强色彩对比来表现法式田园风格。此风格设计重点一是布艺，比起英式田园内敛的小碎花显得大胆得多，玫瑰花、郁金香、国花鸢尾都有可能出现，色彩十分艳丽。二是家具，法式田园家居的设计并没有古典家具般的复杂雕刻、层层曲线，取而代之的是简约流畅的线条和清新的小雕花。

美式田园风格又被称为美式乡村风格，主要起源于18世纪的美国，具有务实、规范、成熟、自由、不张扬的特点。家具通常简洁爽朗，线条简单、体积粗犷，其选材也十分广泛：实木、印花布、手工纺织的尼料、麻织物以及自然裁切的石材，风格突出，格调清婉惬意，外观雅致休闲，色彩多以淡雅的板岩色和古董白居多，随意涂鸦的花卉图案为主流特色，线条随意但注重干净干练。在美式家具中，自然朴素的乡村风格一直占有重要地位，体现出早期美国先民喜爱大自然的个性，它造型简单，色调明快，用料自然淳朴，而且实用、耐用，多采用胡桃木、樱桃木和橡木。

五、新古典主义风格

新古典主义兴于18世纪晚期，19世纪上半期发展至顶峰，原指欧美一些国家流行的一种古典复兴建筑风格，当时采用这种建筑风格的主要是法院、银行、交易所、博物馆、剧院等公共建筑和一些纪念性建筑。随着经济、社会的发展，设计理念的变化，目前设计领域所涉及的新古典主义风格泛指将古典文化与现代设计手法相结合的新风格。新古典主义风格充分体现了三大重要特点：一是室内装饰讲究材质的变化和空间的整体性；二是空间装饰细节精致，从舒服别致的餐椅到餐桌上的水晶花瓶、风情高脚杯，再到壁画、窗帘，每一样都是经过精心挑选，即便角落中简单摆放的休闲家具也十分讲究；三是空间风格简约奢贵，简约造型的深色家具是新古典主义的主调，饰品的选择则极尽精致考究。

六、新中式风格

新中式风格诞生于中国传统文化复兴的新时期，伴随着国力增强，民族意识逐渐复苏，人们开始从纷乱的"摹仿"和"拷贝"中整理出头绪。在探寻中国设计界的本土意识之初，逐渐成熟的新一代设计队伍和消费市场孕育出含蓄秀美的新中式风格。在中国文化风靡全球的现今时代，中式元素与现代材质的巧妙兼融，明清家具、窗棂、布艺床品相互辉映，再现了移步变景的精妙小品。新中式摒弃了传统中式风格追求雕廊玉砌、精细雕刻、风格单一刻板、老气森严的弊端，在保留传统中式神韵的基础上进行改良与创新，空间造型更加新颖活泼，线条简约流畅，色彩鲜艳明亮，家具也更加舒适，极大地适应了现代人的生活需求。

新中式风格非常讲究空间的层次感，依据住宅使用人数和私密程度的不同，需要做出分隔的功能性空间，一般采用"哑口"或简约化的"博古架"来区分；在需要隔绝视线的地方，则使用中式的屏风或窗棂，通过这种新的分隔方式，单元式住宅就展现出中式家居的层次之美。新中式风格的家具多以深色为主，墙面色彩搭配：一是以苏州园林和京城民宅的黑、白、灰色为基调；二是在黑、白、灰基础上以皇家住宅的红、黄、蓝、绿等作为局部色彩。新中式风格装饰材料和饰品多用丝、纱、织物、壁纸、玻璃、仿古瓷砖、大理石、瓷器、陶艺、中式窗花、字画、布艺等，如图1-25所示。

（a）

（b）

图1-25　新中式风格

七、简欧风格

简欧风格是欧式装修风格的一种，多以象牙白为主色调，以浅色为主深色为辅，是目前较为流行的室内装修风格之一。相对比拥有浓厚欧式风味的欧式装修风格，简欧更为清新，更符合中国人内敛的审美观念。

简欧风格的空间讲究对称布局，空间多为方正形，界面造型多选用圆和方；家具多选用暗红色或白色，带有西方复古图案，实木边桌及餐桌椅都有着精细的曲线或图案；装饰材料的选择非常注重质感和彰显贵气的材料，如墙纸多带有金丝线、复杂花卉图案，甚至画有圣经故事以及人物等，阳台多配有铁艺等构件。常选用的灯具是彰显华丽的水晶灯。地毯的选择非常注重舒适感、淡雅、典雅的独特质地，与室内西式家具搭配得相得益彰，如图1-26所示。

（a）　　　　　　　　　　　　　　　（b）

图1-26　简欧风格

八、民族风格

民族风格是指一个民族在长期发展中所形成的具有民族特色的设计风格。各个民族的地区特点、民族性格、风俗习惯以及文化素养等存在差异，所以室内设计就会有各自不同的风格和特点，从而唤起人们对本民族文化、信仰、风俗等的热爱。不同民族的室内设计之所以呈现出不同的风格，在很大程度上是由于他们都有自己相对固定的集居地，都有自己的地理条件、气候条件等。

（一）回族风格

回族室内的民族特色主要表现在其装饰和陈设方面，他们在住宅的设计、陈设、布局、装饰以及生活的点缀等方面，富有独特的民族特点。由于伊斯兰教观念的深刻影响，在一些传统的回族家庭中的案桌上设有"炉瓶三设"，即香炉、香瓶、香盒，香瓶内插有香筷或香铲。这种较为典型的回族家庭陈设，目前由于受其他民族种种文化的影响已经不多见。

回族家庭西墙上都悬挂阿文中堂和具有伊斯兰艺术特色的工艺制镜以及克尔白挂图等。挂历一般都是伊斯兰教历和公历对照的，图案多为著名清真寺或天房、花草等。在回族房间里除了悬挂印有阿拉伯语书法的中堂和风景画以外，一般看不到任何人或动物的图画、雕塑等，回族风格的室内装饰上，对把自然和生活的热爱也表现得淋漓尽致。回族对民族雕镂描绘装饰图案有着自己独到的认识。他们尤其喜欢以牡丹、葡萄、花木、山水等自然景观以及一些抽象的几何图案作为装饰图案，在房屋的檐头、门窗、墙壁、家具、照壁上，或雕或画，古朴典雅、别具一格，如图1-27所示。

图1-27 回族风格

（二）西藏风格

西藏风格集中在西藏、青海、甘南、川北等藏族聚居地区，虽说是少数民族特有的风格，但由于中国各地随着民族性公共、商业、住宅的发展，藏族风格也逐渐被流动的藏民带往其他地区，特别是一些旅游地区。藏族风格以白色碉房为主，如图1-28所示，多为2～3层小天井式木结构建筑，外面包砌石墙，石墙上的门窗狭小，窗外刷黑色梯形窗套，顶部檐端加装饰线条，极富表现力；室内陈设极其华丽，门窗和梁柱雕镂精致。室内立柱包以彩色氆氇做的套子，顶棚板上挂着华盖，日用器皿比较讲究。其中特别要提到的是，西藏风格中最具有代表性的装饰物就是挂在墙上的唐卡彩画，如图1-29所示。

图1-28 藏族白色碉房

图1-29 藏族风格

（三）蒙古族风格

蒙古包，蒙古语称"蒙古勒格尔"，是蒙古族游牧生活的产物，集中在蒙古族聚居的草原地区。过去牧民居住的原形毡包，四周用条木结成网状圆壁，尖顶，顶部用椽木组成伞骨形圆顶。冬天周围和顶上覆以白色毛毡，用毛毡勒紧；夏天则用苇子、柳条或桦树皮围盖。顶部中央留有天窗，可通风、采光，便于空气流通。现在的蒙古族风格更多指的是城市混凝土建筑中进行的具有蒙古族文化意味和特征的室内装饰设计，该风格建立在现代简约手法处理界面和空间的基础上，在简单、整齐划一的空间中通过蒙古族装饰图案和色彩进行气氛渲染。室内装饰图案常选用云纹、回纹等纹样及草原故事或草原英雄作为主题；色彩上主要采用金色、白色、红色和蓝色等，如图1-30所示。

图1-30　内蒙古风格

九、地域风格

地域风格是指吸收本地的、民族的元素，利用当地特产材料、民间工艺，具有地区特征和优势的设计风格。地域风格在功能上适宜地区应用，同时又反映地区人们的文化传统，具有很强的可识别性和持续发展性。

（一）地中海风格

地中海风格产生于17~18世纪，是西班牙地区和地中海地区室内风格相互融合的产物，反映出罗马艺术和摩尔民族艺术的特点。地中海风格原是特指沿欧洲地中海北岸一线，特别是西班牙、葡萄牙、法国、意大利、希腊这些国家南部的沿海地区的居民住宅风格。

地中海风格在运用到室内以后，由于空间的限制，很多东西都被局限化了，要做到地中海风格的体现，要注意其中的几点。房间的空间穿透性与视觉的延伸是地中海风格的要素之一，比如大大的落地窗户，墙面的平整与光的运用，这种情怀恰恰是体现了地中海居民强调不拘小节的慵懒生活。家具与色彩运用到室内，多数以纯木家具为主，透露出地中海朴实的一面，居室内，在大量使用蓝色和白色的基础上加入鹅黄色，起到了暖化空间的作用。地中海风格渐渐摆脱传统的套路。地面可以选择纹理比较强的鹅黄仿古砖，墙面以凹凸不平的灰白色衬托，顶面可以选择木制横梁。在家具上，除了纯木质家具外，还可以选择藤制手工品，另外选择手工艺制品，能做到我们对自然风格的一种追求。门窗可以选择较大的拱门造型，配上乡村风格的格子纱窗，更加突出与乡村风格接近的追求自然的一面。

地中海风格也按照地域自然出现了三种典型的颜色搭配：西班牙蔚蓝色的海岸与白色沙滩；希腊的白色村庄与沙滩和碧海、蓝天连成一片；北非特有的沙漠、岩石、泥、沙等天然景观，颜色为土黄及红褐，如图1-31所示。

（a） （b）

图1-31 地中海风格

（二）东南亚风格

东南亚风格是一个结合东南亚民族岛屿特色及精致文化品位的设计，其重视在异国情调下享受极度舒适的氛围，注重细节和软装饰，喜欢通过对比达到强烈的效果，它吸取东西方经典元素，结合当地风俗习惯诠释出新的风格理念。

东南亚室内重视水环境的引入，受中式思想影响，讲求风水，即水生财，水循环还能起到室内降温的作用；墙面通过半穿凿的方式来实现交错的几何形状，用于陈列饰品。原木、石材称为装饰墙面的主要材料，在排列上不同于美式的霸气，更多的是严谨的几何排列，带有宗教气息的壁画、白色的墙面配以深沉色系的木条更显肃穆；门窗繁缛的门楣雕刻装饰融合东西方文化的精髓并很好地融入当地文化，门窗用藤、木皮编织而成，既可通风也能体现古朴质感；常采用灯具和风扇组合的形式；顶棚利用藤条、藤草和木皮来编制图案并进行几何排列或为中式的木梁几何排列，裸露在外面、巨大的人字形屋顶造就了开阔的空间，引入天窗及自然光，利用光影来进行装饰，体现丰富的感觉；地面上常用体现随意、异域风情的地毯，木质多为深沉色系，地毯多为厚重的麻、棉、纤维材质，地板采用极度抛光的形式与地毯相呼应；家具以藤制为主，藤以印尼的最好，韧性大，本身能进行生物降解、净化周围环境；东南亚风格饰品强调装饰性，喜欢将自己收藏的与宗教相关的饰品，如莲花、大象、佛手来装饰室内；窗帘可以用质地柔软的棉或麻体现自然质地，也可以用轻纱幔帐体现舒适、闲适感，搭配色彩浓艳的布艺表现活跃的氛围；色彩大面积采用蓝、紫、黄色等强烈对比色，大面积的紫色能够传达出神秘、妩媚的气质，如图1-32所示。

（a） （b）

图1-32 东南亚风格

（三）北欧风格

北欧风格，是指欧洲北部国家挪威、丹麦、瑞典、芬兰及冰岛等国的艺术设计风格，主要指室内设计以及工业产品设计，以简洁著称于世，并影响到后来的"极简主义""简约主义""后现代"等风格。反映在家庭装修方面，就是室内的顶、墙、地六个面，完全不用纹样和图案装饰，只用线条、色块来区分点缀；这种风格反映在家具上，就产生了完全不使用雕花、纹饰的北欧家具。在20世纪风起云涌的"工业设计"浪潮中，北欧风格的简洁被推到极致。北欧室内家具被普遍认为是有人情味的现代家具。正如一些家具评论家概括的："北欧家具表现出对形式和装饰的节制，对传统价值的尊重，对天然材料的偏爱，对形式和功能的统一，对手工品质的推崇。"北欧地区由于地处北极圈附近，气候非常寒冷，有些地方还会出现长达半年之久的"极夜"。因此，北欧人在家居色彩的选择上，经常会使用那些鲜艳的纯色，而且面积较大。随着生活水平的提高，在20世纪初北欧人也开始尝试使用浅色调来装饰房间，这些浅色调往往要和木色相搭配，创造出舒适的居住氛围。北欧风格的另一个特点，就是黑白色的使用。黑白色在室内设计中属于"万能色"，可以在任何场合，同任何色彩相搭配，但在北欧风格的家庭居室中，黑白色常常作为主色调，或重要的点缀色使用。北欧风格的居室中使用的木材，基本上都是未经精细加工的原木。这种木材最大限度地保留了木材的原始色彩和质感，有很独特的装饰效果，如图1-33所示。

（a）　　　　　　　　　　　　　　　　（b）

图1-33　北欧风格

十、室内设计发展趋势

人类已经进入21世纪，室内设计专业已经成长并逐渐成为独立的专业，也成为日新月异的行业，它顺应着社会的需求，也引起了人们的高度重视。中国的室内设计近20年得到了快速的发展，与发达国家的差距越来越小。目前，我国室内设计发展的趋势大致可以归纳为以下几个方面。

（一）发扬民族文化

民族的就是世界的，丰富的民族文化塑造了与众不同的室内设计效果，营造和展示了不同的文化内涵。民族文化元素的运用和创新设计是现代室内设计与传统文化结合的桥梁，也是对室内设计师的考验。一个优秀的室内设计作品应该是在充分地吸取民族文化元素的基础上创造出来的，它必须不断地汲取民族传统文化元素，将传统文化元素与室内设计相融合。以中国文化为基础，结合现代文化特征和其他艺术形式的特点创造出的符合本民族审美意识和审美理念要求的、具有中国特色艺术风格的室内设计作品才是真正的优秀作品。

（二）现代智能化

智能化家具是今后室内装饰的重点发展方向。家具、门窗、照明器具、电器、厨房卫生间用具等，都将根据不同使用者在不同时间的不同需求作相应的智能化配置，满足现代人生活需求。智能家居系统让人们轻松享受生活。出门在外，可以通过电话、电脑来远程遥控家具各智能系统，如在回家的路上提前打开家中的空调和热水器；到家开门前，借助门磁或红外传感器，系统会自动打开过道灯，同时打开电子门锁，安防撤防，开启家中的照明灯具和窗帘；门口机具有拍照留影功能，家中无人时如果有来访者，系统会拍下照片供查询。

（三）追求自然与环保

绿色设计是室内设计的必然发展趋势。绿色设计是一种态度，它要求人们从思想上树立绿色环保意识。在绿色的室内设计中，要求充分考虑建筑物与周围环境的协调，利用光能、风能等自然界中的能源，最大限度地减少能源的消耗以及对环境的污染，为人类创造可持续发展的生存环境。装修时尽可能选择绿色环保装修材料，避免过度装修；尽可能使用天然能源和可再生能源；创造良好的室内物理环境，如在人流大的公共建筑中，设置良好的通风系统，可以考虑使用玻璃窗等透光材料局部代替水泥墙，既能在白天使自然光射入室内，减少电的使用，又能保持良好的通风。

（四）极简化及个性化

复杂造型的设计方式已经逐渐被人们所淘汰，石膏线、艺术吊顶渐渐被人们舍弃。简洁的家具设计可以使房间显得通透、明亮、宽敞，受到人们的青睐。

设计师近些年已经开始密切关注残疾人、老人及儿童的生活需要，把无障碍设计理念真正地运用到设计中；提倡"简装修、高陈设"，注重室内外空间的通透，满足人们对大自然的热爱；注重休闲场所的设计，满足人们休闲生活的需要，休闲与休息功能将在新时期的室内设计中得到进一步体现，并充分体现室内设计人性化和人文化的重要性。在室内设计时可以"适当留白"，现代都市生活压力大，留白可以让人脱离上班时的高压生活，让情感在空间中自由释放，既体现设计的极简化又体现人性化。

（五）赋予新材料以"灵魂"

赋予新材料以"灵魂"——探索新的表现形式，尽快掌握新材料、新构件所带来的规律性，正如结构大师圣地亚哥·卡拉特拉瓦的思想，应当为这些新材料带来的新构件寻找能够赋予其灵魂的构造方法，有人曾拿美国建筑师考试的结构题给设计院的结构工程师，他们竟惊讶于其钢结构题之难之深。由此，可见建筑师的知识结构是不合理、不完善的。正如现代建筑运动的基础是寻求钢筋混凝土材料的独有的结构特性，并用适当的方式表达出来，今后室内设计师们驾驭新材料的能力将成为其作品能否创新的保证。

（六）审美转变

一种新技术带来新形式的出现，总是伴随着观念与审美的变迁，在新旧观念斗争的过程中新的审美观将逐步形成，并渐渐成为主流。由此，我们就不奇怪当时蓬皮杜艺术与文化中心所引起的轩然大波了。从历史上来看，照相术刚诞生的时候，摄影师总是模仿画家去布置场景，摆弄人的举止，设置灯光。最终是让照片更像一幅油画。再如电脑建筑画兴起的时候，大家以以前手绘图的审美来要求，必然导致电脑建筑画去模仿手绘图的抽象效果，而将其本身所擅长的能真实再现场景的特性撇在一边，但随着电脑建筑画水平的提高，这种真实再现场景的方式成为主流，也成为现在审评建筑画好坏的流行标准。这也许正是符合贡布里希在《视觉与错觉》一书中提到的，人们的绘画创作往往是遵循已有的印象与格式，并不遵循在他眼前事物的客观样式。由此可见，审美的转变是何其困难，摄影师如此、建筑师如此、室内设计师亦如此。而能够称得上是真正创新的东西，往往就是突破旧有观念的束缚而建构的，"五四运动"如此、现代艺术如此、现代建筑运动亦如此。因此，探究新材料可能带来的新形式，必然伴随设计观念的转变，最终导致室内设计审美判断标准的转变。而具有讽刺意味的现象是，钢构架、桁架作为纯粹的装饰符号出现在大量建筑的室内外空间，这些钢构件不受力而难以展现清晰的力学逻辑与美感，却从一个侧面说明技术审美观已经初步在公众心目中形成。

新的审美标准的建立与新材料带来的新形式的探索是相互结合的，有相互促进的作用，如今在国内也有了在这一方面探索的成功之作，如北京首都新机场的室内设计。国际上"高技派"的创作有着高度工业化的制造业的整体支持，国内设计师的创作明显受制于此方面的缺陷，但如上所表达的观点，新审美观的形成，不仅促进了公众观念的改变，也将由于设计师的尝试与努力，促进国内建筑制造业和建筑业技术和工艺的提高，只有在这种基础上脚踏实地地探索与创新，小而言之能切实提高我们室内设计的技术含量，大而言之能坚定我们社会进步的信念和民族复兴的理想。

（七）关注旧建筑改造及再利用的趋势

从广义上我们将旧建筑定义为使用过一段时间的建筑。旧建筑大致可以分为两种：一是具有重大的历史价值的古建筑和优秀的近现代建筑；二是广泛存在着的一般性建筑，如厂房、住宅等。事实上，室内设计与旧建筑的改造关系十分密切。从某种层面上来说，室内设计之所以成为一门相对独立的学科正是因为大量旧建筑需要重新进行室内空间改造和设计，这才能使室内设计师们有相对稳定的业务。

建筑不仅仅是实体，它还是人类文明的载体。建筑通过各种途径传达着多样的信息。如人们可以从一栋建筑中读到一个地区、城市甚至是国家的历史。倘若一个城市不具备对存在着的不同时期的旧建筑的保护意识，那么何谈这个城市的历史感？何谈这个城市的精神魅力呢？在对具有历史文化价值的旧建筑进行改造时，我们不仅要运用一般的室内设计的方法和原则，还要处理好"新与旧"的关系，特别要贯穿"整旧如旧"的观念。《威尼斯宪章》中规定："保护文物建筑就是保护它的全部现状。修缮工作必须保持文物建筑的历史纯洁性，不可失真，为修缮和加固所加上去的东西都要能识别出来，不可乱真，并且严格设法展现建筑物的历史。换句话说，就是文物建筑的历史必须是清晰可读的。"（陈易主编，室内设计原理，2006）

重庆观音桥北仓创意园（见图1-34）和成都东郊记忆（见图1-35）项目就集中体现

了建筑价值、历史价值、艺术价值和经济价值，并运用新的设计和模式改造，同时注入时尚、创意的元素，使保留旧厂房成为现代城市景观的新景象，也促进了设计创意产业链的形成。

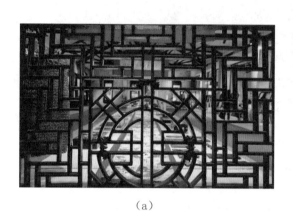

（a）

（b）

图1-34　重庆观音桥北仓创意园（文韬拍摄）

（a）

（b）

图1-35　成都东郊记忆（权凤拍摄）

项目二 室内设计基本法则与手法及形式美原则

任务一 室内设计基本法则与手法

"法则"，在我们日常生活中的各个方面，在各行各业各个领域都以各种方式存在着，它往往是人们对于某些在一定范围内反映一定客观规律的规则的总结或归纳，是一些需要遵循和可以信赖的规则。而对于室内设计来说，这种基本方法是指那些在设计过程中，能够为设计师在对设计对象进行判别、判断、权衡和处置等过程中，提供一种形式上的指导依据的规则。荷加斯曾指出：法则就是适应多样、统一、单纯、复杂和尺度——所有这一切都参加美的创造。互相补充，有时互相制约。

其实，这样的法则往往蕴涵于人类生活的日常规则中，与其说是人们制造或发明了这些法则，不如说是人们在长期的实践中发现了这些规则，或进行系统归纳，或进行理论叙述。这样的规则如何论证和阐发，表现着特定的时期、特定的文化环境下的设计者的理论能力和实践风格，这样的法则如何应用和实施，也取决于每一个设计师对于这些规则的认识程度和实践能力。

而手法则是上述"法则"具体运用的方法，也就是说，这些法则是通过一些具体的设计手法体现在设计过程中的。这些设计手法的形成，也是设计师们在设计的实践中，对法则运用归纳和总结的结果。而对于大多数室内设计的初学者来说，这些设计的基本法则与手法，无疑是一种入门的向导和台阶，掌握这些设计法则和设计手法也是室内设计的学习者从必然王国走向自由王国的必经之路。

一、对比与变化

两个毗邻的室内空间，如果在某一方面呈现出明显的差异，借这种差异的对比，可以反衬出各自的特点，从而使人们从这一空间进入另一空间时在心理上产生突变和快感。空间的差异和对比作用通常出现在以下几个方面：

（1）高大与低矮相毗邻的两个空间，若体量相差悬殊，当由小空间进入大空间时，凭借体量之间的对比，使人的视觉和心理因突然开阔而产生强烈的印象，如陶渊明在桃花源记中记载"初极狭，才通人。复行数十步，豁然开朗"。古今中外各种类型的建筑都可以借大小空间的对比作用来突出主体空间。其中最常见的形式是：在通往主体大空间的前部，有意识地安排一个极小或极低的空间，通过这种空间时，人们的视野被极度地压缩，一旦走进高大的主体空间，视野突然开阔，从而引起心理上的突变和情绪上的刺激和振奋，如图2-1所示。

（2）封闭与开敞之间的对比。封闭的空间就是指不开窗或少开窗的空间，或视觉上有较多阻碍的空间形态；开敞的空间是指多开窗或开大窗，在视觉上有更多通透感觉的空间。前一种空间感受一般较暗淡，与外界较隔绝；后一种空间较明朗，与外界的关系较密切，当人们从前一种空间走进后一种空间时必然会因为强烈的对比作用而顿时感到豁然开朗。这一种手法的运用，尤以中国传统的园林建筑内部空间为最明显。

图2-1　酒店入口前极低的空间

（3）不同形状之间的对比。不同形状的空间之间也会形成对比作用，不过较前两种形式而言，它对于人们心理上的影响要小一些，但通过这种对比至少可以求得变化和破除单调。然而，空间的形状往往与功能联系密切，为此，必须利用功能的特点，并在功能允许的条件下适当变换空间的形状，从而借相互之间的对比作用以求得变化，如图2-2所示。

图2-2　法国卢浮宫及金字塔

二、节奏与过渡

两个以上的空间如果以简单化的方式使之直接连通，会使人感到淡薄或突然，致使人们从前一个空间走进后一个空间时印象十分淡薄。倘若在两个大空间之间插进一个过渡性的空间，如客厅，它就能像音乐中的休止符或语言文字中的标点符号一样，使之段落分明并具有抑扬顿挫的节奏感。

　　过渡性空间本身可能没有具体的功能要求，它应当尽可能地小一些、低一些、暗一些，只有这样，才能充分发挥它在空间处理上的作用，使得人们从一个大空间走向另一个大空间时必须经历由大到小，再由小到大，由高到低，再由低到高，由亮到暗，再由暗到亮等这样一些过程，从而在人们的记忆中留下深刻的印象。过渡性空间的设置不可生硬，在大多数情况下可以安排辅助性房间或楼梯等，如图2-3所示，这样不仅节省面积，而且可以通过它进入某些次要的房间，从而保证大厅等大空间的完整性。

图2-3　螺旋楼梯

　　螺旋楼梯在视觉上为空间增添一份富有弹性和不断环绕向上的韵律感。

　　某些建筑，由于地形条件的限制，必须有一个倾斜的转折，若处理不当，其内部空间的衔接可能会显得生硬和不自然。这时，如果能够巧妙地插进一个过渡性的小空间，不仅可以避免生硬并顺畅地把人流由一个大空间引导到另一个小空间，而且可以确保主要大厅空间的完整性。

　　此外，内外空间之间也存在着一个衔接与过渡的处理问题。建筑物的内部空间总是和自然界的外部空间保持着互相连通的关系，如人们从外部空间进入到建筑物的内部空间要通过一个过渡性的空间（如门廊等），从而把人很自然地由室外引入室内。

　　一般大型公共建筑，多在入口设置门廊。其实，门廊作为一种完全开敞的空间，从性质上讲，它介于室内外空间之间，并兼有室内空间和室外空间的特点，正是由于这一点，它才能够起到内、外空间的过渡作用。但也有不少情况不设门廊，而仅用悬挑雨篷的方式，也可以起到内外空间过渡的作用，这是因为雨篷覆盖上下的这部分空间，同样具有介于室内和室外的空间特点。

三、体量与尺度

　　建筑的"体量"是指建筑物在空间上的体积，包括建筑的长度、宽度、高度。建筑体量的大小对于城市空间有着很大的影响，同样大小的空间，被大体量的建筑围合，和被小体量的建筑围合，给人的空间感受完全不同。另外，建筑所处的空间环境不同，其体量大小给人们的感受也不同。大体量建筑在大的空间中给人的感觉不一定大，反之亦然。

而室内空间的"体量"则是指建筑内部空间的容积，它也同样具有长度、宽度、高度这些可丈量的三向维度。在一般情况下，室内空间的体量主要是根据房间的使用功能要求确定的。对于一般的公共活动来讲，过小或过低的空间会使人感到局促或压抑，不适当的尺度感也会损害它的公共性。出于功能要求，公共活动的空间一般都具有较大的面积和高度。某些特殊类型的建筑如教堂、纪念堂或某些大型公共建筑，为了造成宏伟、博大或神秘的气氛，室内空间的体量往往可以大大超出一般使用功能的要求。尤其是一些纪念性建筑和宗教建筑等，都要求有巨大的空间，这里功能要求与精神要求是一致的。如人民大会堂的观众厅，要容纳一万人集会，空间效果上要达到庄严、博大、宏伟的气氛。欧洲众多的哥特式教堂以其异乎寻常高大的室内空间体量，给人以深刻的印象。这些空间体量的确定主要不是根据功能使用要求，而是由精神方面的要求所决定的。对于这些特殊类型的建筑，所追求的则是一种强烈的心理上或宗教上的感染力。

所谓建筑尺度，是指在不同的空间范围内，建筑的整体及各构成要素使人产生的感觉，是建筑物的整体或局部给人的大小印象与其真实大小之间的关系问题。它包括建筑形体的长度与宽度、整体与部分、部分与部分之间的比例关系及对行为主体——人产生的心理影响。在此应特别注意的是，尺度不是尺寸，尺度不是建筑物或要素的真实尺寸，而是表达一种关系及其给人的感觉；尺寸是度量单位，如千米、米、尺、厘米等对建筑物或要素的度量，是在量上反映建筑物及各构成要素的具体大小。

一般的建筑，在处理室内空间的尺度时，按照功能的性质合理地确定空间的高度具有特别重要的意义。室内空间的高度，可以从两方面看：一是绝对高度——实际层高，正确地选择合理的尺度具有重要的意义。如果尺度选择不当，过低会使人感到压抑，过高又会使人感到不亲切。二是相对高度——不单纯着眼于绝对尺寸，而且要联系空间的面积来考虑。人们从经验中可以体会到：在绝对高度不变的情况下，面积愈大的空间愈显得低矮。

在复杂的空间组合中，各部分空间的尺度感往往随着高度的变化而变化。如有时因高大、宏伟而使人产生兴奋、激昂的情绪；有时因低矮而使人感到亲切、宁静；有时甚至会因为过低而使人感到压抑、沉闷。巧妙地利用这些变化而使人与各部分空间的功能特点相一致，则可以获得意想不到的效果。

在室内设计的实践中，建筑空间的体量往往是有限定或是固定的，这往往就要求设计师运用室内设计的一些手段，如采用不同吊顶天花、选用不同层高的空间进行组合等，来改变或改善既有的空间尺度感，以达到改善室内空间状态的目的。总而言之，空间的体量与尺度的关系是一对矛盾的两个方面，两者相互依赖、互相制约，但在一定的条件下，又可通过恰当的室内空间的设计，运用合理的设计手法使室内空间的尺度感达到理想的效果。

四、层次与渗透

两个相邻的空间，如果在分隔的时候，不是采用实体的墙面把两者完全隔绝，而是有意识地使之互相连通，将可使两个空间彼此渗透，互相因借，从而增强空间的层次感，这种设计的手法就是我们常用的"空间的渗透"，它所造就的设计效果就是经常说到的"空间层次的丰富"。

中国古典园林建筑中"借景"的处理手法就是这种空间的渗透手法的最好例子。"借"就是把彼处的景物引到此处来，这实质上就是使人的视线能够越过有限的屏障，从这一空间而及另一空间或更远的地方，从而获得层次丰富的景观。

西方古典建筑，由于大多采用砖石结构，一般都比较封闭，彼此之间界限分明，从视觉上讲也很少有连通的可能。西方近现代建筑，由于技术、材料的进步和发展，特别是由于框架结构取代了砖石结构，从而为自由灵活地分隔空间创造了极为有利的条件，凭借着这种条件，西方近现代建筑从根本上改变了古典建筑空间组合的概念。以对空间进行自由灵活的"分隔"的概念代替了传统的把若干个六面体空间连接成为整体的"组合"的概念，这样，各部分空间就自然地失去了自身的完整独立性，而必然和其他部分空间互相连通、贯穿、渗透，从而呈现出极其丰富的层次变化。"流动空间"的理论正是对这种空间所作的形象概括。

这种"流动空间"的理论也对住宅建筑产生了不小影响，许多建筑师和室内设计师更是把空间的渗透及层次变化当作一种设计的目标来追求。他们不仅利用灵活隔断来使室内空间互相渗透，而且通过大面积的玻璃幕墙使室内外空间互相渗透，有的甚至透过一层又一层的玻璃隔断不仅可自室内看到庭园中的景物，还可以看到另一室内空间，乃至更远的自然空间的景色。有些设计不仅考虑到同一层面内若干空间的互相渗透，同时还通过楼梯、夹层的设置和处理，使上下层，乃至许多层空间互相穿插渗透，从而获得丰富的层次变化，如图2-4所示。

图2-4　大面积幕墙

大面积的幕墙玻璃为室外与室内空间的渗透提供极为便利的物质基础，这种渗透关系不仅包括视觉的渗透，还包含了光能与热能等物理性的渗透。

五、引导与暗示

在一些设计中，比较重要的公共活动空间由于所处建筑的功能、结构等方面的原因，往往显得地位不够明显、突出，以致不易被人们发现。此外，在一些展示性设计中，也可能有意识地把某些重要的空间置于隐蔽处，避免开门见山，一览无余。在这种情况下，需要对人流加以引导或暗示，从而使人们可以循着一定的途径而达到特定的目标。这种引导和暗示虽不同于路标，却属于空间处理的范畴，运用巧妙、含蓄的空间处理手法，使人在不经意间沿着一定的方向或路线从一个空间依次地走向另一个空间，如图2-5所示。

图2-5　引导与暗示

空间的引导与暗示法则的运用，归纳起来有以下几种手法或途径：

（1）以弯曲状的墙面把人流引向某个确定的方向，并暗示另一空间的存在。这种处理手法是以人的心理特点和人流自然地趋向于曲线形式为依据的。它的特点是阻力小，并富有运动感。面对着一条弯曲的墙面，将会产生一种期待感——希望沿着弯曲的方向有所发现，而在不知不觉中顺着弯曲的方向被引导至某个确定的目标。

（2）利用特殊形式的楼梯或特意设置的踏步，暗示出上层空间的存在。楼梯和踏步通常都具有一种引人向上的吸引力，某些特殊形式的大楼梯、开敞的直跑楼梯、自动扶梯等，其吸引力更为强烈。基于这一特点，凡是希望把人流由低处空间引导至高处空间的，都可以借助于楼梯或踏步的设置而达到目的。

（3）利用地面的铺装或天花图形的处理，暗示出前进的方向。通过地面铺装材质不同形式的图形，或天花吊顶的造型处理，形成一种具有强烈方向性或连续性的图案，这也会左右人前进的方向。有意识地利用这种处理手法，将有助于把人流引导至某个确定的目标。

地面运用不同铺装材料进行展区与通道间的划分，同样具有引导与暗示功能，这种手法通常在营业及展示环境中运用较多。

六、形态与空间

建筑设计中对空间的设计是决定整个室内空间形态的最基本因素。不同的平面布置、各种立面的处理，都直接对室内空间的形态产生最直接的影响。不同的平面和立面的处理，产生的不同空间形态，往往会使人对室内空间产生不同的感受，如图2-6所示。因此，在选择空间形态时，必须把使用功能要求和精神感受要求统一起来考虑，使之既实用，又能按照一定的艺术意图给人以某种特定的感受。一般来说，室内空间的形态在建筑设计时已经基本确定，而设计师则往往通过某些技术或艺术的手段来改善或改变室内空间的形态与比例。

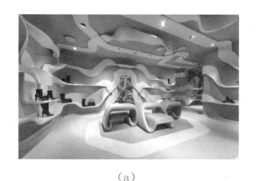 

（a） （b）

图2-6 不同的平面和立面的处理，产生的不同空间形态

最常见的现代建筑的室内空间，一般是呈矩形平面的长方体，空间长、宽、高的比例不同，形态也可以有多种多样的变化。不同形状的空间可以使人产生不同的感受，如一个窄而高的空间，由于竖向的方向性比较强烈，会使人产生向上的感觉。竖向的方向感，可以激发人们产生兴奋、自豪、崇高或激昂的情绪。欧洲哥特式教堂所具有的又窄又高的室内空间，正是利用空间的几何形状特征，而给人以满怀希望和超越一切的精神力量，以使人摆脱尘世的羁绊，追求宗教的境界。一个狭长的室内空间，由于纵向的方向性比较强烈，可以使人产生深远的感觉。借这种空间形态可以诱导人们产生一种期待、寻求和引人入胜的情绪。中国的园林建筑中也常常用类似的方法来营造一种深邃的意境。

除矩形的室内空间外，为了某些特殊的功能要求，还有一些其他形状的室内空间，这些空间也会因为其形状不同而给人以不同的感受。例如，中央高四周低、穹窿形状的空间，一般可以给人以向心、内聚和收敛的感觉；一般中间高两侧低的两坡落水的空间，往往具有沿纵轴方向内聚的感觉。弯曲、弧形或环状的空间，可以产生一种诱导人们沿着空间轴线的方向前进，从而使人们产生一种向心的、团聚的心理感受。这一类的空间形态常见于一些重要的纪念性建筑或宗教类建筑的室内空间，如古代罗马的"万神庙"、北京天坛的"祈年殿"等，这类建筑在营造一种宗教的虔诚气氛上具有独特的功效。

在进行空间形态的设计时，除考虑功能要求外，还要结合一定的艺术意图来选择。这样才能既保证功能的合理性，又能给人以某种精神感受。

任务二　室内设计的形式美原则

随着物质水平的提升和人们文化素养的逐渐提高，人们越来越注重建筑艺术与室内设计的艺术美。这就要求室内设计师具有较高的艺术思维能力和造型设计能力，能充分调动艺术的、技术的手段，给人们创造功能合理、优美舒适、满足人们物质和精神生活双重需要的室内环境。所以，室内设计师在进行设计时应从形式美法则的角度进行设计，创造出符合业主理想的、美的作品。

哲学家康德指出："在所有美的艺术中，最本质的东西无疑是形式。"形式是相对于内容而存在的。英国现代美学家克莱夫·贝尔在《艺术论》中论及了"形式"的概念，他认为：就造型艺术而言，"形式"主要是指造型的基本构成要素——形与色的有秩序的组合关系与方式。室内设计作为一种人造的环境，其出发点是创造具有文化价值的生活环境。室内设计师同时也是艺术家，应当具有高度的想象力和造型能力，调动和使用各种艺术手段和技术手段，使设计达到最佳声、光、色、行的匹配效果，创造出舒适的、理想的、值得人们赞叹的室内环境。设计师要想创造出这么理想的环境，就必须遵循美的法则来构思设想，直至把它变成现实，给人们带来更高品质的生活环境。

由于时代不同、地域不同、民族民风不同、地域文化不同，古往今来的室内设计作品在形式处理方面有比较大的差别，但凡是优秀的室内设计作品，在形式方面一般都遵循一个共同的准则——多样统一。

多样统一，又被称为有机统一，可以理解成在变化中求统一，在统一中求变化。任何一件室内设计作品，都是由很多个构成要素或部分组成的，这些构成要素或部分之间既有区别，又有内在的联系，只有把它们按照一定的规律有机地组合成为一个整体，才能达到理想的效果。这时，就各部分的差别，可以看出多样性和变化；就各部分之间的内在联系，可以看出和谐与秩序。既有变化，又有秩序就是室内设计乃至其他造型艺术、其他设计的必备原则。在室内设计中，如果缺乏秩序，会显得杂乱无章；反之，如果缺乏多样性与变化，则必然流于单调，而杂乱和单调都不可能构成令人赏心悦目的美的形式。因此，一件优秀的室内设计作品要想唤起人们的美感，既不能没有秩序，又不能缺乏变化，应该达到变化与统一的平衡。

多样统一作为形式美的准则，具体来说，主要包含以下几个方面的内容：均衡与稳定、韵律与节奏、对比与微差、重点与一般。

一、稳定与均衡

现实生活中的一切物体，都是受地球引力——重力影响的，人类的建造活动从某种意义上说就是与重力斗争的产物。人们在日积月累的实践中形成了一套与重力有联系的审美观念——稳定与均衡。

在室内设计中，稳定常常涉及室内设计中上、下之间的轻重关系的处理，在传统的概念中，上小下大、上细下粗、上轻下重、上浅下深的布置形式是得到稳定效果的常见方法，如图2-7所示。当然随着科技的进步，也可把这种关系颠倒过来，以获得新奇的、另类的效果，如图2-8所示。

图2-7中沿墙布置了一排沙发，地面上布置有茶几、凳子、电视柜等，墙面仅布置了装饰画和灯具，完全达到了上轻下重的稳定效果。

图2-7 室内稳定的布置形式　　　　　　　图2-8 90面不同的镜子组成的吊顶天花

均衡是指物体的形式因素在布局上按照重心分布，富有变化，但要保持平衡，也具有很强的稳定性，但又有一定的变化，如图2-9所示。最直观的就是像我们传统的秤，一边是物体，一边是称砣，左右不一却能达到一种平衡。在现代室内设计中大量运用这种规律，像常见的转角沙发，为了达到某种平衡，我们常在L形沙发的对面布置一个单人沙发，反映的就是这样的原理，如图2-10所示。

（a）　　　　　　　　　　　　　　　　　（b）

图2-9 "2+1"选搭法——用单人沙发实现客厅三角均衡

图2-10 均衡构图的起居室效果

在室内设计中运用均衡形式表现在四个方面：①形的均衡。形的均衡反映在设计中各元素构件的外观形态的对比处理上。例如顶棚的造型可以运用圆形、波浪形、三角形、弧形或者异形与其空间界定方形的均衡等创造出顶棚的多样性和优美性。②色的均衡。色的均衡重点表现在色彩设置的量感上，如室内环境色调大面积采用浅的暖灰色，而在局部装饰上选用纯度较高的冷色或深色，即达到了视觉心理上色的均衡。③力的均衡。力的均衡反映在室内装饰的重力性均衡上。如室内主体视感形象，其主倾向为竖向序列，局部倾向为横向序列，那么整个视感形象立刻会使人感受到重力性的均衡。④量的均衡。量的均衡则重点表现在视觉面积的大小上。如在客厅电视墙面的左上方置一组纵向的装饰柜，那么在电视墙面的右下方可以摆放一组等量的工艺品或一株植物等，使整个墙面达到量的均衡。设计师在室内装饰上，对均衡形式的不同层次的整合性挖潜，是创造均衡美感的关键。

均衡包括静态均衡和动态均衡。静态的均衡有两种基本形式：一种是对称的形式，另一种是非对称的形式。对称是极易达到均衡的一种方式，而且往往能取得端庄、严肃的空间效果，如图2-11所示。但对称的方法也有不足，其主要原因是在现代建筑室内功能日趋复杂的情况下，很难达到沿中轴线完全对应的关系，因此其适用范围就受到很大的限制。为了解决这一问题，有时候设计师会采用基本对称的方法，即既要使人们感到轴线的存在，轴线两侧的处理手法又并不完全相同，这种方法往往显得比较灵活，如图2-12所示。此外，人们还常常用不对称的方式来保持均衡，即不强求轴线和对称，而是通过左右前后等各方面要素的综合处理以求达到平衡的效果。与对称均衡相比，不对称均衡显得要轻巧活泼得多。

图 2-11　对称的起居室效果

图2-12中基本对称的布局方法，轴线两侧的处理不完全相同，既使人感到轴线的存在，又显得比较灵活富有变化。

除静态均衡外，有很多现象是依靠运动来达到平衡的，如展翅飞翔的小鸟、旋转的陀螺、行驶的自行车等，就属于这种形式的均衡，一旦运动中止，平衡的条件也将随之

图2-12　基本对称的起居室效果

消失，人们把这种形式的均衡称为动态均衡。由于室内环境各元素发生大规模动态变化的可能性很小，因而动态平衡在室内设计中运用的不太多，但在有些设计作品中，也能看出设计师在用动态平衡的观点来思考设计，如在某些展示空间的设计中，考虑人在连续进行的过程中对室内景物形体和轮廓变化的感受等。

二、韵律与节奏

歌德曾经说过一句优美动人的名言："美丽属于韵律。"韵律原指音乐（诗歌）的声韵和节奏。在节奏中注入具有美感的构成因素，就有了韵律，室内设计中的韵律就好比是音乐中的旋律，不但有节奏更有情调，它能增强设计感染力，开拓艺术的表现力。有的韵律使整个室内具有流动性，提高室内视觉冲击力，加强室内空间的魅力。在室内

设计实践中韵律的表现形式很多，如连续韵律、渐变韵律、起伏韵律与交错韵律，它们分别能产生不同的节奏感。

连续韵律一般是以一种或几种要素连续重复排列的，各要素之间保持恒定的关系与距离，可以无休止地连绵延长，往往给人以规整整齐的强烈印象，如图2-13所示。

使连续重复的要素在某一方面按照一定的秩序或规律逐渐变化，如逐渐加长或缩短、逐渐变宽或变窄、逐渐增大或变小、逐渐紧密或稀疏，就能产生一种渐变的韵律。渐变韵律往往能给人一种循序渐进的感觉或进而产生一定的空间导向性，如图2-14所示。

图2-13　具有连续韵律的室内空间（胥偈拍摄）

图2-14 通道大小的变化，产生空间的导向性

渐变韵律按一定的规律时而增加，时而减小，有如波浪起伏或者具有不规则的节奏感时，就形成起伏韵律，这种韵律常常比较活泼而富有运动感，如图2-15所示。宋代郭熙作的国画《早春图》，山与树在描写手法上采用了山虚树实的方法，山画得疏而概括，树勾画得细密而严谨，在构图上起到了大的起伏韵律的作用，使视觉有所调节，丰富而不感到紧塞。

图2-15 波浪起伏的波士顿BANQ餐厅顶面和墙面设计

交错韵律是把连续重复的要素按一定规律相互交织、穿插而形成的韵律。各要素相互制约，一隐一显，表现出一种有组织的变化。这种韵律既有明显的条理性，又因为各元素的穿插而表现出丰富的变化。

韵律在室内设计中的体现十分普遍，我们可以在形体、界面、陈设等诸多方面都感受到韵律的存在。韵律本身所具有的秩序感与节奏感，既可以加强室内环境的整体统一效果，又能产生丰富的变化，从而体现出多样统一的原则。

节奏原是音乐上的术语，在音乐中，音符的长短、快慢、强弱的持续、重复形成节奏。音乐上的节奏是一种通过人的听觉随音乐主题及曲调节拍而感到的艺术形式，属于时间艺术；在平面设计里，节奏是指以单位图形为基础在二维空间里做有秩序的运动，可以被理解为一种空间艺术。在现实空间中，梯田的重复、大雁的一字形排列、贝壳的花纹、斑马皮毛上有规律的纹理……体现着大自然的秩序，给我们带来丰富的节奏美感。节奏同样受时代、地域、民族和不同设计流派的影响与制约，这一点决定了重复节奏的多样性和丰富性。

节奏是韵律形式的纯化，韵律是节奏形式的深化，节奏富于理性，而韵律则富于感性。韵律不是简单的重复，它是有一定变化的相互交替，是情调在节奏中的融合，能在整体中产生不寻常的美感。节奏与韵律是密不可分的统一体，是美感的共同语言，是创作和感受的关键。人称"建筑是凝固的音乐"，就是因为它们都是通过节奏和韵律的体现而造成美的感染力。好的设计总是以明确动人的节奏和韵律将无声的实体变为生动的语言和音乐。在室内设计中，节奏与韵律是通过体量大小的区别、空间虚实的交替、构件排列的疏密、长短的变化、曲柔刚直的穿插等变化来实现的。

三、对比与微差

对比指的是要素之间显著的差异，微差指的是不显著的差异。就形式美而言，这两者都是不可缺少的：对比可以借彼此之间的烘托陪衬来突出各自的特点以求得变化，微差则可以借相互之间的共同性以求得和谐。没有对比会使人感到单调，过分地强调对比以致失去了相互之间的协调一致性，则可能造成混乱，只有把这两者巧妙地结合在一起，才能达到既有变化又和谐一致，既多样又统一。

对比和微差是相对的，何种程度的差异表现为对比？何种程度的差异表现为微差？两者之间没有一条明确的界线，也不能用简单的数学关系来说明。例如一列由小到大连续变化的要素，相邻者之间由于变化甚微，可以保持连续性，则表现为一种微差关系。如果从中抽去若干要素，将会使连续性中断，凡是连续性中断的地方，就会产生引人注目的突变，这种突变则表现为一种对比的关系。突变的程度越大，对比就越强烈。

对比和微差只限于同一性质的差异之间，如大与小、直与曲、虚与实以及不同形状、不同色调、不同质地等。在建筑设计领域中，无论是整体还是局部，单体还是群体，内部空间还是外部形体，为了求得统一和变化，都离不开对比与微差手法的运用。下面从度量和曲直两个方面进一步阐述对比与微差给建筑及室内带来的效果。

不同度量之间的对比：在空间组合方面体现最为显著。两个毗邻空间，大小悬殊，当由小空间进入大空间时，会因相互对比作用而产生豁然开朗之感。中国古典园林正是利用这种对比关系获得小中见大的效果。各类公共建筑往往在主要空间之前有意识地安排体量极小的或高度很低的空间，以欲扬先抑的手法突出、衬托主要空间。不同形状之间的对比和微差：在建筑设计构图中，圆球体和奇特的形状比方形、立方体、矩形和长方体更引人注目。利用圆同方之间、穹窿同方体之间、较奇特形状同一般矩形之间的对比和微差关系，可以获得变化多样的效果。如不来梅的高层公寓用有微差变化的扇形单元组成了整体和谐的构图。不同方向之间的对比：即使同是矩形，也会因其长宽比例的差异而产生不同的方向性，有横向展开的，有纵向展开的，也有竖向展开的。交错穿插地利用纵、横、竖三个方向之间的对比和变化，往往可以收到良好效果。

直和曲的对比：直线能给人以刚劲挺拔的感觉，曲线则显示出柔和活泼。室内设计巧妙地运用这两种线型，通过刚柔之间的对比和微差，可以使室内设计构图富有变化。西方古典建筑室内外的拱柱式结构，中国古代建筑屋顶的曲折变化都是运用直曲对比变化的范例。现代建筑及室内运用直曲对比的成功例子也很多。特别是采用壳体、悬索结构的建筑或有大量织物的室内，可利用直曲之间的对比加强建筑及室内的表现力。虚和实的对比：孔、洞、窗、廊同坚实的墙垛、柱之间的虚实对比将有助于创造出既统一和谐又富有变化的形象。色彩、质感的对比和微差色彩的对比与调和，质感的粗细和纹理变化对于创造生动活泼的室内形象也都起着重要作用。

巧妙地利用对比和微差，能产生良好的室内空间效果，如图2-16所示，设计中运用粗糙的石片堆砌的墙面与木质的顶棚和柔软的布艺窗帘产生强烈的对比。在室内设计中，还有一种情况也归于对比与微差的范畴，即利用同一几何母题，虽然它们具有不同的质感大小，但由于具有相同的母题，所以一般情况下仍能达到有机的统一，如图2-17所示。

图2-16　质感对比的案例

四、重点与一般

在室内设计中，重点与一般的设计法则也非常普遍，从空间限定到造型处理乃至细部陈设与装饰都涉

（a）

（b）

图2-17　具有相同的母题的顶棚装饰

及重点与一般的关系。在一个有机体中，各组成部分的地位与重要性是应该加以区别而不能一律对待的，它们应该有主与从的区别，否则就会主次不分，消弱整体的完整性。各种艺术创作中的主题与副题、主角与配角、主体与背景的关系也正是重点与一般的关系。在室内设计中，比较多的是通过轴线、体量、对称等手法而达到主次分明的效果。室内设计中还有一种突出重点的手法，即运用"趣味中心"的方法。它一般都是作为室内环境中的重点出现，有时其体量并不一定很大，但位置往往十分重要，可以起到点明主题、统帅全局的作用，如图2-18所示。能够成为"趣味中心"的物体一般都具有新奇与刺激、形象突出、具有动感和恰当含义等特征。

图2-18　趣味中心

图2-18中一个螺旋形的滑梯，为住户提供了一种更加具有趣味的下楼方式，带来自由的感觉。

根据心理学方面的研究，人会对反复出现的外来刺激产生适应，如我们对日常的时钟走动声会置之不理，对家电设备的响声也会置之不顾。这些现象从另外一方面看，却加重了室内设计师的负担，在设计"趣味中心"时，要想引人入胜，必须强调其新奇性与刺激性。在具体设计中，常采用在形、色、质、尺度等方面与众不同的物体，以吸引人的注意力，创造独特的景观效果，如图2-19、图2-20所示。

形象与背景的关系是格式塔心理学研究中的一个重要问题。人在观察事物时，总是把形象理解为"一件东西"或"在背景之上"，而背景似乎总是在形象之后，起着衬托作用。一

图2-19　柏林radisson blue酒店

般情况下，人们倾向于把小面积的事物或凸出来的东西作为形象，而把大面积和平坦的东西作为背景。在理论上，形象与背景可以互相转化，现代绘画中也常常使用形象与背景交替处理的手法，但在处理室内趣味中心时，却应该有意识地让形象与背景有明显区别，以便使人做出正确的判断，起到突出重点的作用，如图2-21所示。

图2-20　珠海长隆横琴湾大酒店（孙俊桥拍摄）

图2-21　维耶蒙特利尔城堡酒店

图2-21中，红色沙发在土黄色调的环境中醒目突出，成为趣味中心，让人们印象深刻。

运动的物体能使人眼做出较为敏捷的反应，极易影响视觉注意力。人眼的这种特征，早被艺术家所发现和利用，古希腊的"掷铁饼者"和汉代的"马踏飞燕"等作品正是以它们的动感成为了不朽之作。室内设计师在设计时，也要注意发挥眼睛的这种特点。随着时代的发展，艺术家们创造出了真正能够活动的动态雕塑，赢得了人们极大的兴趣，常常成为室内环境的趣味中心，如图2-22所示。

人在观赏物品时，知觉总是会发生"看—赋予含义"的过程。如果作为趣味中心的物品含义过于明显，不需经过太多的思维活动就能得出结论，人们可能会产生兴趣索然的感觉。同样，如果趣味中心的含义过于晦涩难懂，人们也可能会采取敬而远之的态度。适当的做法是提供适量的刺激，吸引人们的注意力并得出一定的结论，但同时又不能过于一目了然。能吸引人们经常不断注目，并且每次都能联想出一些新内容，每次都由观赏者从自己以往的经验中联想出新的含义，这样的物品也就自然而然地成为了室内空间的重点所在。

（a）

（b）

图2-22 动态的雕塑

　　总而言之，室内造型原则和形式美的法则是室内设计中具有普遍意义的重要原则。它们涉及空间限定与组织、界面造型处理、家具陈设布置等各方面的内容，能够为设计师们提供有益的创作依据，可以使设计师在创作时有章可循，少犯或不犯错误，塑造出良好的室内环境。不过，一项真正优秀的室内设计作品离不开设计者的构思与创意，如果创作之前没有明确的艺术意图，即便作品具有了优美的形式，也难以感染大众。只有设计师具备了不俗的意图，同时拥有娴熟的技巧，充分灵活地运用这些原则，才能真正做到"寓情于物"，才能通过艺术形象唤起人们的思想共鸣，才能创造出真正称得上是具有艺术感染力的"美"的作品。

项目三 住宅室内设计项目解析

住宅是人类为了满足家庭生活的需要所构筑的物质空间，住宅建筑需要提供不同的功能空间，满足住户的各种使用需求。在住宅设计的众多环节与关联因素中，各功能房间是设计的基本元素，满足起居、做饭、就餐、入厕、就寝、工作、学习及储藏等功能需求，达到安全、舒适、艺术的统一，如图3-1～图3-3所示。

图3-1　别墅地下一层功能布置图

住宅各功能空间的设计应遵循的规则分为以下几点：

（1）室内空间功能完备。随着社会不断的进步及生活质量的提高，住宅的空间组织、功能发生了日新月异的变化。住宅的室内空间的功能已由单一的就餐、就寝发展成休闲、娱乐、工作、烹饪、会客、休息等集多种功能于一身的综合性空间。因此，在设计中应充分考虑各种功能空间的需求。

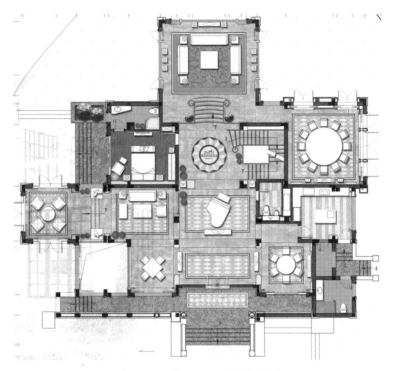

图3-2 首层平面功能布置图

图3-3 二层平面功能布置图

（2）室内空间布局合理。住宅室内空间的功能包括多种，其基本的生活活动有休息、娱乐、会客等。住宅的空间应根据各功能空间的使用对象、性质及使用时间等进行合理组织，使功能需求相近的空间组合在一起，避免互相干扰。

（3）整体协调，突出重点。住宅空间设计应本着安全、舒适的原则，营造一个整体协调、风格统一、体现文化的优雅环境。从室内的大环境到细部设计都应是一个有机的整体，各个功能空间过渡自然、相互之间层次分明。

（4）以人为本，舒适实用。应充分考虑居住者的实际使用要求，进行相应的功能空间设计。

根据房间使用性质的不同，可将一套住宅的功能空间归纳划分为主要空间、辅助空间和交通空间3类，如图3-4所示，并逐一按照房间的使用要求，家具、设备的布置形式，房间尺寸以及房间细部设计的顺序，对各个空间的设计要点展开叙述。

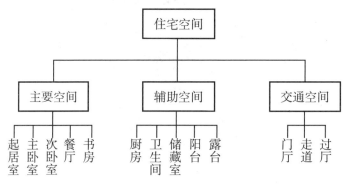

图3-4　住宅空间包含的类型

任务一　住宅主要空间设计

一、起居室

起居室又称为客厅，属于家庭生活中的公共区域，既是全家团聚的地方，又是与外界交往的场所，它兼顾内、外两方面的职能，以在视觉上应展现的家庭特定性格为原则。随着社会经济的发展和居家娱乐生活的多样化，起居室空间的设计已经发生了质的飞跃。这种质变不仅表现为面积的扩大，同时也表现为功能内容的增加和家庭居住形态的变化。

（一）起居室空间的使用

（1）起居室活动方面的需求，包括家庭成员间的活动、休闲健身、家务劳动、家具陈设、社交会客等。

（2）起居室空间方面的需求。

避免起居空间与其他空间穿套，形成各种行为的相互干扰，如因频繁走动打搅其他家庭成员看电视等，如图3-5所示。

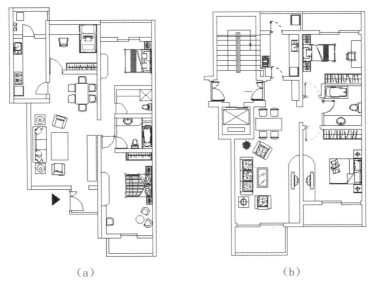

（a）　　　　　　　　　　　　　　（b）

图3-5　起居室的空间稳定性

图3-5（a）中，起居室位于门厅与功能房间之间，空间使用不稳定；图3-5（b）中，起居室位于套型空间的一侧，空间使用稳定。

空间可以适应家具的摆放和变换，如把沙发进行多种组合，使沙发与电视柜有多种布置关系。

（二）起居室空间的设计要点

（1）起居室的家具一般沿两条相对的内墙布置，因此内墙面的长度和门洞口开设位置影响家具的摆放，如图3-6所示。

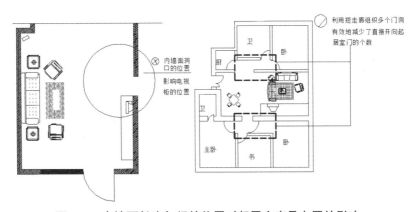

图3-6　内墙面长度与门的位置对起居室家具布置的影响

设计时要尽量减少开向起居室的门，若开门次数较多，应尽量相对集中布置，尽可能提供足够长度的连续墙面供家具放置。我国《住宅设计规范》（GB 50096—2011）规定，起居室内布置家具的墙面直线长度应大于3 000 mm。

（2）为满足起居室空间的功能需求，营造起居生活氛围，沙发布置要注意形成便于谈话交流的围合向心性空间。

（3）沙发与电视柜的布置应保持适宜的视距和视角。

（4）当起居室空间尺度较大时，应考虑分区布置家具，如图3-7所示。

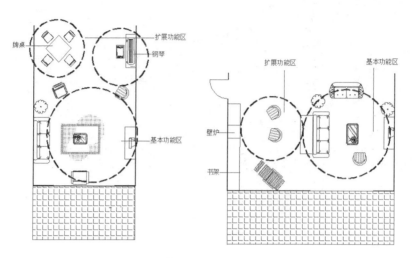

图3-7　起居室家具的分区布置

（三）起居室空间的尺寸确定

确定起居室大小时，首先应考虑家庭成员的数量、待客活动的频率；其次要结合电视视距和谈话距离考虑沙发、电视柜等家具的合理安排及多样布置。同时，要兼顾大型盆栽、雕塑、落地灯等体现"个性"物品的摆设。

1.面积

不同平面布局的套型，起居室的面积也不尽相同。设置方式大致有3种情况，即相对独立的起居室、与餐厅合二为一的起居室以及与餐厅半分离的起居室，一般性住宅相应的面积指标如下：

起居室相对独立时，起居室的使用面积不宜过小，一般在15 m²以上。

当起居室与餐厅合二为一时，共同的使用面积应控制在20～25 m²，占套内使用面积的25%～30%为宜。

由门厅、走道连通空间将起居室与餐厅分隔，其使用面积一般为30～40 m²，比较适宜进深较大的三室以上的大户型。

2.开间（面宽）

决定起居室开间时，除了考虑社交、视觉层面的需求，主要的制约因素是人坐在沙发上看电视的距离。一个常用的矩形起居空间的基本家具布置形式应该是一边布置沙发，一边布置视听娱乐设备，因此沙发的宽度、电视的厚度和屏幕的大小就成了影响电视视距的可变因素，再加上住户视力及生活习惯各异，对电视视距的要求并非一致。因此，起居室开间尺寸应呈现一定的弹性，有满足基本功能的4 200～4 500 mm开间的"基本型"起居室，也有追求气派的6 000 mm开间的"舒适型"起居室。

（1）常用尺寸。对于110～150 m²的三室两厅套型设计，常用的起居室开间为3 900～4 500 mm。

（2）经济尺寸。当使用条件或套内总面积受到限制时，起居室开间可适当压缩为3 600 mm。

（3）舒适尺寸。在追求舒适性的豪华型中，开间可达6 000 mm以上。尽管起居室开间的可调节性较强，但应考虑相应配置的家具和布置形式，以免设计成"小而无法使用"或"大而利用不便"的空间，给用户的生活带来不便及造成空间和资源的浪费。

3.进深

起居室空间还应满足较为合理的长宽比，独立起居室空间的长宽比值取在5：4～3：2的范围较为适宜；当起居室与餐厅形成连通空间时，长宽比值大致在3：2～2：1范围内。

二、主卧室

主卧室在套型中扮演着十分重要的角色。卧室的功能不仅限于睡眠，同时还包括储藏、更衣、休憩、工作等。此外，作为个人活动空间，主卧室的私密性要求较高。因此，设计时要充分考虑空间多功能的需求，并设法使其免受外界和其他房间视线、活动的干扰。

（一）主卧室的使用需求

（1）主卧室活动方面的需求，包括睡眠休息、工作学习、休闲娱乐、穿衣打扮等。

（2）主卧室空间方面的需求，如图3-8所示。

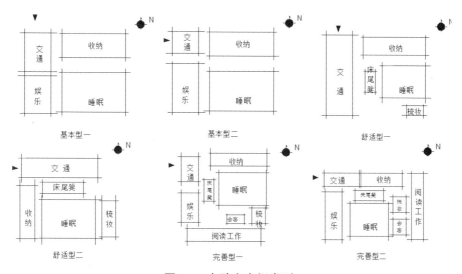

图3-8 主卧室空间类型

①基本型空间需求。主卧室空间由睡眠区域、储藏区域、娱乐区域及交通区域等满足日常生活基本需求的功能区块组成。

②舒适型空间需求。由睡眠区域、储藏区域、娱乐区域、放置衣物区域、梳妆区域、交通区域组成。这种扩展型的主卧室功能区块曾在调研的家庭中出现过，在调研结果分析中发现，主人休息之后换下的衣物没有地方放置，放于床边或座椅上，杂乱无章。因此，扩展型的功能区块组合是多数使用者希望并且满足实际需要的方式，既能满足主卧室空间基本的睡眠和梳妆打扮功能，又能满足部分的娱乐功能。

③完善型空间需求。除了睡眠、储藏、娱乐、放置衣物、梳妆等功能，还应考虑到现代人的生活特征。随着现代人们的工作压力越来越大，有很多职业要将工作带回家或者是在家中需要完成一些工作中的剩余作业，甚至需要在卧室中进行私密会客等活动，因此在主卧室空间适当增加工作阅读和私密会晤等区域，实现功能更加完善的主卧室空间，这已成为一部分人的迫切需求。

（二）主卧室的家具配置及布置要点

主卧室的家具配置及布置安装如表3-1所示。

表3-1　主卧室类型空间的家具配置

主要功能		相应的家具配置
基本型	睡眠功能	双人床，沙发和卧榻在必要的时候也可以充当睡眠工具
	储藏功能	大衣柜、床头柜、更衣室（如果卧室面积不足）、床（下部有储藏空间）
	娱乐功能（视听）	小沙发或躺椅、电视柜/台（壁挂式液晶电视不需要）、家庭影院架
舒适型	睡眠功能	双人床，沙发和卧榻在必要的时候也可以充当睡眠工具
	储藏功能	大衣柜、床头柜、更衣室（如果卧室面积不足）、床（下部有储藏空间）
	娱乐功能（视听）	小沙发或躺椅、电视柜/台（壁挂式液晶电视不需要）、家庭影院架
	梳妆功能	梳妆台、梳妆凳、椅子
	放置衣物功能	床尾凳（置于床尾，可放置衣物，用于穿衣、穿鞋）
完善型	睡眠功能	双人床，沙发和卧榻在必要的时候也可以充当睡眠工具
	储藏功能	大衣柜、床头柜、更衣室（如果卧室面积不足）、床（下部有储藏空间）
	娱乐功能（视听）	小沙发或躺椅、电视柜/台（壁挂式液晶电视不需要）、家庭影院架
	梳妆功能	梳妆台、梳妆凳、椅子
	放置衣物功能	床尾凳（置于床尾，可放置衣物，用于穿衣、穿鞋）
	私密会客功能	小沙发、茶几等
	阅读工作功能	书桌、书椅、书架/柜

1. 床的布置

床是卧室中最主要的家具，布置时应当满足各项功能需求。双人床应居中布置，满足两人不同方向上下床的方便及铺设、整理被褥的需要。至于老人的床，应当考虑布置在白天阳光可以照射到的地方。

床周边的活动尺寸。床的边缘与墙或其他家具之间的通行距离不宜小于500 mm，考虑到方便两边上下床、整理被褥、开拉门取物等动作，最好不宜小于600 mm；当照顾到穿衣、弯腰动作的完成时，其距离应保持在900 mm以上。

其他使用要求和生活习惯上的要求。如床不要正对门布置，以免影响私密性；床不宜靠近窗放置，以免妨碍开关窗和窗帘的设置；寒冷地区不要将床头正对窗放置，以免着凉等。

2. 其他家具的布置

对于兼有工作、学习功能的主卧室，需满足布置工作台、写字台、书架及相应的设备所需的空间。

（三）主卧室空间功能多样化需求

随着时代的发展，人们生活需求的日益提高，人们对卧室这样的私密空间的功能出现了多样化需求，除了上述提到的基本型、舒适型、完善型3种主卧室空间功能分类，对主卧室空间的功能仍然有着越来越丰富、多样化的需求。

（1）主卧室加设婴儿床。在年轻家庭模式中，年轻夫妻为了方便照顾婴儿，需要将婴儿床放置于床边。因此，在主卧室的设计中，应考虑到加设婴儿床这一情形，如图3-9所示。

（2）主卧室加设书房。除主卧室日常功能

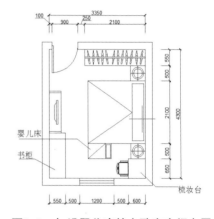

图3-9　加设婴儿床的主卧室空间布置

外，住户更需要在主卧室里有私密性和围合感的类似书房的空间。例如，许多人喜欢在夜晚工作或写作，灯光会影响到家人，但在书房又不方便入睡或是没有书房，在这些情况下，主卧室加设书房亦不失为一个一举多得的途径，如图3-10所示。

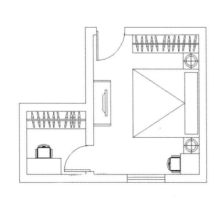
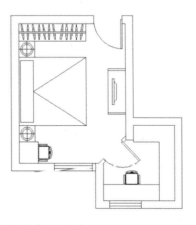

图3-10　加设书房的主卧室空间布置

（3）主卧室加设阳台或者阳光间。主卧室一般朝南，加设阳台或阳光间，可以进一步提高主卧室的空间品质，在阳台或是阳光间内可以进行饮茶、健身等活动。在住宅套型面积允许的情况下，加设阳台或是阳光间是一种很好的选择，如图3-11所示。

（4）主卧室加设衣帽间。主卧室的衣帽间可以单独设置，也可以与主卫生间一起设置。加设衣帽间（或称为更衣间），可以使主卧室的空间品质更加完善，主人到卧室之后可以先到衣帽间换上家居服，这是比较合理和卫生的空间设置，如图3-12所示。

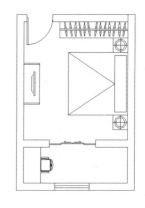

图3-11　加设阳台的主卧室空间布置

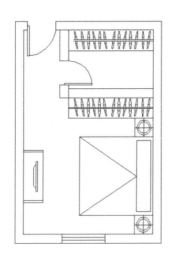
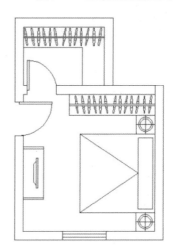

图3-12　加设衣帽间的主卧室空间布置

（四）主卧室的尺寸和面积控制

（1）通常情况下，双人卧室的使用面积不应小于12 m^2，如图3-13所示。

（2）在满足主卧室生活基本功能的条件下，主卧室的净尺寸与使用面积受家具尺寸及布置的影响较大。基本型主卧室的净尺寸一般控制在3 350 mm×3 350 mm，使用面积为11.90 m^2。这是主卧室满足基本的功能需求并能居住舒适的合理尺寸和使用面积。

（3）舒适型主卧室空间是在满足基本生活需求的基础上，增加主卧室行为活动需要的合理功能，即满足主人梳妆和部分娱乐功能，舒适型主卧室的净尺寸和使用面积也同样受到家具尺寸及布置的影响。舒适型主卧室在使用面积相同，均为14.40 m^2的情况下，可分为两种尺寸：一种是大面宽，其净尺寸为3 600 mm×4 000 mm；另一种是小面宽，其净尺寸为3 350 mm×4 300 mm。这是主卧室满足舒适功能需求的合理尺寸和使用面积。

（4）完善型主卧室的功能是在前两种类型的基础上继续考量多种人群和现代人的生活特征后分析总结出的更完备的功能组合，所需要的尺寸、使用面积比前两种稍大。完善型主卧室在使用面积为16.30 m^2的情况下，也可分为两种尺寸：一种是大面宽，其净尺寸为3 700 mm×4 400 mm；另一种是小面宽，其净尺寸为3 450 mm×4 700 mm。这是主卧室满足较为完善的功能需求的合理尺寸和使用面积。

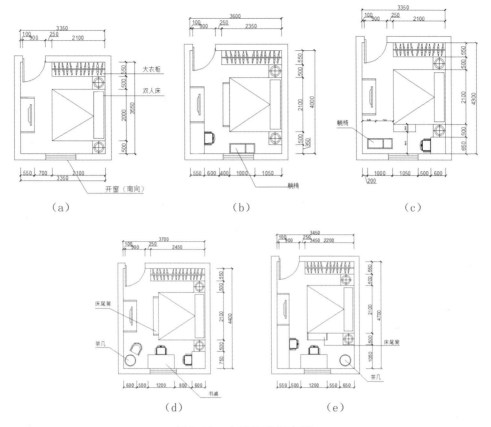

图3-13　主卧室空间布置

三、次卧室

由于家庭结构、生活习惯的不同，人们对次卧室的安排也不尽相同。次卧室主要是指在三室及以上的套型中，除去主卧室之外的尺寸、朝向或功能较次之的卧室空间。次卧室主要是作为子女用房、老年人用房或客房使用。

（一）次卧室的使用需求

（1）次卧室活动方面的需求，包括睡眠休息、休闲娱乐、学习工作等。

（2）次卧室空间方面的需求。

① 基本空间需求。次卧室应满足睡眠休息及完成日常活动所需的空间需求。

② 储藏空间需求。提供一定的空间用于储存被褥、衣物及孩子的体育用品、玩具等。

③ 个性化空间需求。根据住户的需求，提供一定的空间，可放置如钢琴、按摩椅、跑步机等家具。

④ 外接阳台需求。可为老年人提供外接阳台，能够满足晒太阳、养花喂鸟和储藏等需求。

（二）次卧室的设计要点

房间服务对象不同，其家具及布置形式也不同，以下为子女用房和老年人用房的设计要点。

1.子女用房

1）家具布置

子女用房的家具布置要注意结合不同年龄段孩子的特征进行设计。

（1）青少年房间（13～18岁）。对于青少年来说，他们的房间既是卧室，也是书房，同时还充当客厅接待同学、朋友。因此，家具可分区布置，如睡眠区、学习区、休闲区和储备区。

（2）儿童房间（3～12岁）。由于儿童年龄小，与青少年用房相比，还需特别考虑以下几方面需求：可以设置上下铺或是两张床，满足两个孩子同住或者小朋友串门留宿的需求；便于父母辅导孩子做作业或与孩子交流，宜在书桌旁边另外摆设座椅；可提供放置儿童能够触及的架子、玩具箱的空间。

2）空间形式

空间形式如图3-14所示。

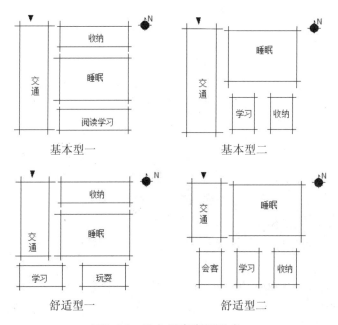

图3-14　子女用房空间形式

（1）基本型空间。子女卧室的基本型空间是指满足卧室最基本需求的功能分类，由睡眠区域、收纳区域、阅读学习区域及交通区域4部分组成。这种基本的功能区块，只能满足子女日常行为活动最基本的需求，也就是睡眠和学习课业。然而，孩子的成长生涯应该是丰富多彩的，在娱乐活动中孩子甚至可以得到更多的成长和收益。显然，这样的基本型空间区块并不能满足子女成长的需要。

（2）舒适型空间。子女在成长过程中，在卧室中除了进行最基本的行为活动，还有一些孩子特有的需求。应当考虑到子女卧室功能的扩展可能，应由睡眠区域、收纳区域、阅读学习区域、玩耍区域、私密会客区域及交通区域组成舒适型空间。其中，玩耍区域和私密会客区域对于孩子来说完全可以归为同类的功能类型和家具配置。

2.老年人用房

1）家具的布置

（1）电视柜的摆放应主要能够提供良好的视距和视角的空间。

（2）当两位老人共同居住时，要考虑设置两张单人床，照顾到老年人分床就寝，避免相互间的干扰。

（3）老年人喜欢将座椅和家具布置在阳光充足的地方，以求休息时可以照射到阳光。

（4）根据季节的变化，为老年人变换家具摆放的位置，设计房间尺寸时应予以充分考虑。如夏季将床布置在近窗处，冬季则远离窗布置。

2）空间形式

空间形式如图3-15所示。

基本型一　　　　　　　　　舒适型一　　　　　　　　　舒适型二

图3-15　老年人用房空间形式

（1）基本型空间需求。老人卧室的基本空间是指满足该卧室空间最基本需求的功能分类，由睡眠区域、收纳区域、娱乐区域、交通区域4部分组成。这种基本的功能区块，只能满足老人日常行为活动最基本的需求，也就是睡眠和基本的娱乐，如看电视。然而，老人对于交往有更迫切的需求，不仅仅是出去散步健身，在家里老人也有"待客"的需求。显然，基本型空间区块并不能满足老年人用房的需求。

（2）舒适型空间需求。在满足老人的最基本日常生活需求的基础上，设计中应当考虑到老人卧室功能的扩展可能，应由睡眠区域、收纳区域、阅读区域、私密会客区域及交通区域组成舒适型空间。

（三）次卧室的尺寸确定

（1）次卧室功能具有多样性，设计时要充分考虑多种家具的组合方式和布置形式，一般次卧室的面宽不应小于2 700 mm，面积不宜小于10 m²，如图3-16所示。

（a）单人间平面尺寸

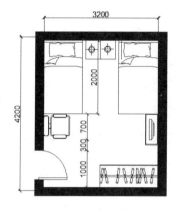

（b）双人间平面尺寸

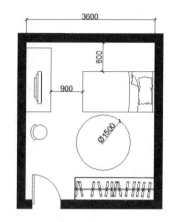

（c）考虑轮椅使用的平面尺寸

图3-16　次卧室空间不同功能的平面尺寸

（2）当满足轮椅的使用情况时，次卧室面宽不宜小于3 600 mm。

（3）子女卧室的净尺寸与适宜使用面积，如图3-17所示。

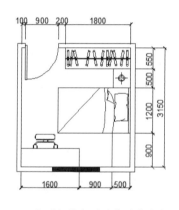

（a）大面宽基本型子女卧室空间

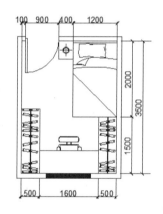

（b）小面宽基本型子女卧室空间

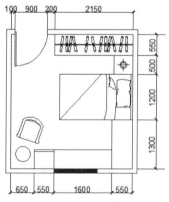

（c）大面宽舒适型子女卧室空间

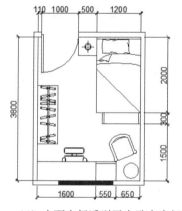

（d）小面宽舒适型子女卧室空间

图3-17　子女用房空间布置

在满足子女卧室生活基本功能的条件下，子女卧室的净尺寸与适宜使用面积受家具尺寸和布置的影响较大。子女卧室满足基本需求的合理尺寸和面积，分为两种尺寸：一种是大面宽，其净尺寸为3 000 mm×3 050 mm；另一种是小面宽，其净尺寸为2 600 mm×3 500 mm。舒适型子女卧室合理尺寸和面积也有两种：一种是大面宽，其净尺寸为3 350 mm×3 450 mm；另一种是小面宽，净尺寸为2 800 mm×3 900 mm。

（4）老人卧室的净尺寸与适宜使用面积，如图3-18所示。

在满足老人卧室生活基本功能的条件下，老人卧室的净尺寸与适宜面积受家具尺寸和布置的影响较大，并考虑到老人由于生理等原因习惯分床睡，因此要考虑一张双人床和两张单人床两种布置方式。老人卧室满足基本需求的合理尺寸和使用面积，有两种尺寸：一种是一张双人床，其净尺寸为3 350 mm×3 550 mm，其使用面积为11.90 m^2；另一种是两张单人床，其净尺寸为3 350 mm×3 950 mm，其使用面积为13.23 m^2。

舒适型老人卧室满足舒适的功能需求的合理尺寸和适宜使用面积，根据两种床的布置情况分为两种尺寸：一种是一张双人床，其净尺寸为3 450 mm×4 200 mm，其使用面积为14.40 m^2；另一种是两张单人床，其净尺寸为3 700 mm×3 950 mm，其使用面积为14.61 m^2。

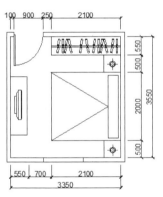

（a）双人床基本型老人卧室空间　　　（b）双单人床基本型老人卧室空间

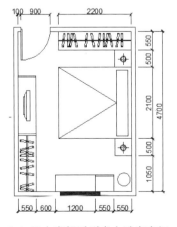
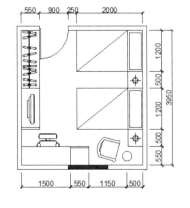

（c）双人床舒适型老人卧室空间　　（d）双单人床舒适型老人卧室空间

图3-18　老年人用房空间布置

四、餐厅

餐厅是家居生活中的就餐场所，更加偏重于功能性的空间，与起居室空间构成家居生活中的重要的公共活动空间。随着住宅商品化以及生活水平的不断提高，广大住户越来越关注生活的品质与情趣，餐厅这个能够促进家庭团聚、凝聚人气的空间受到重视，就餐空间已成为住宅套型中必不可少的空间组成部分。

（一）餐厅的使用要求

1. 餐厅活动方面的需求

包括日常就餐、招待聚会、全家做饭、食品加工、娱乐活动等。

2. 餐厅空间方面的需求

（1）基本空间需求。餐厅空间要能够满足家庭成员就餐及放置餐具柜、饮水机等家具设备的要求，并应考虑居住者在餐厅内展示酒具、器皿之类工艺品，美化空间的需求。

（2）空间气氛需求。餐厅空间应重视就餐氛围的营造，如对景设置、灯光设计、避免卫生间门开向餐厅等，以增强空间的"亲和性"。

（3）空间灵活性需求。餐厅空间应具备灵活性，能够满足节假日等特殊状况下多人共同就餐或备餐的需求。

（二）餐厅的家具及布置

（1）餐厅桌椅的布置。进行餐厅桌椅布置时，应满足就座方便和不影响正常通行的要求。当在餐厅桌椅与墙面或高家具间留有通行过道时，通行间距不宜小于600 mm；当餐桌椅一侧为低矮的家具时，其通行过道的宽度可适当减小且不小于450 mm。

（2）餐具柜的布置。餐具柜是指用来摆放存储酒具、餐具的具有较强实用性的橱柜，具有营造、调节室内气氛的装饰效果的餐厅家具，包括吊柜、条案、墙面上装钉的隔板。此外，当餐厅内除了餐桌椅不摆设其他家具时，较宽的室内窗台或装修所做的散热器罩也可供餐前摆放物品，如图3-19所示。

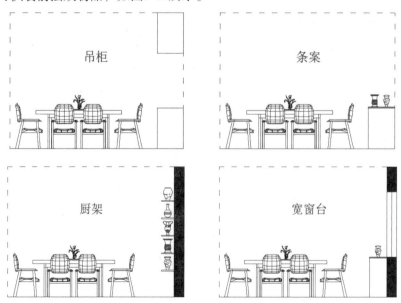

图3-19 餐具柜的常见形式

（三）餐厅尺寸的确定

餐厅尺寸除了满足餐桌椅、餐具柜的摆设，还要考虑通行区域及多人就餐时扩大就餐区的需求。其中，家庭就餐的人数是影响餐厅空间大小最重要的因素，不同规模的家庭应考虑配置适宜尺度的餐厅。

（1）供3~4人就餐的餐厅，其开间的净尺寸不宜小于2 700 mm，使用面积不宜小于10 m^2。

（2）供6~8人就餐的餐厅，其开间的净尺寸不宜小于3 000 mm，使用面积不宜小于12 m^2。

（四）餐厅与起居室空间的位置关系

在通盘考虑各房间布置时，应尽量加强餐厅与起居室的空间连通，这样可加强其通风采光性能，并增加开敞感。在某些情况下（如小面积的住宅中），还可以将餐厅与起居室布置在一个空间内，以节省交通面积。餐厅与起居室空间的位置关系归纳为以下3种，即半分离式、结合式、分离式，如表3-2所示。

表3-2 餐厅与起居室空间的位置关系

类型	半分离式布置	结合式布置	分离式布置
图示	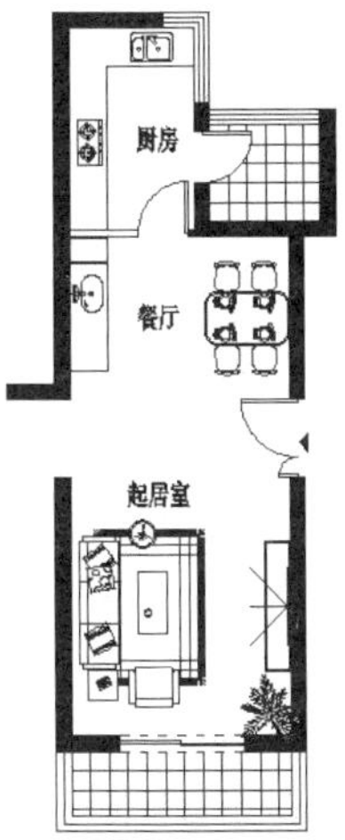	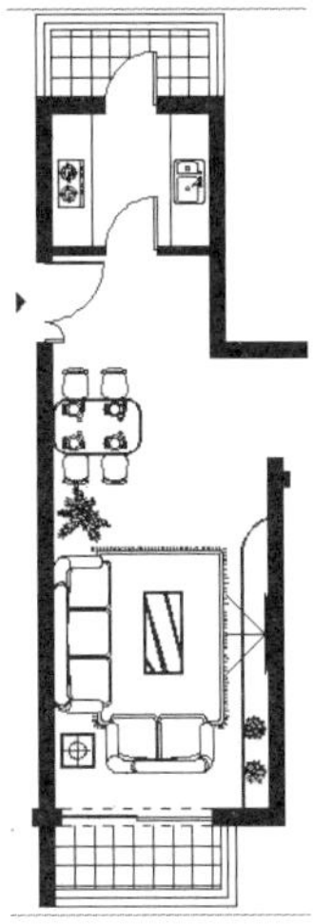	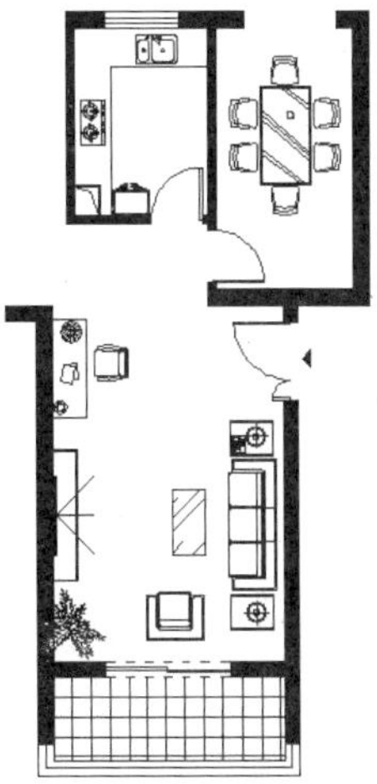
特点	餐厅与起居室之间以入口为通路连接，空间通透，视线穿越距离长，有增大空间感的效果	餐厅与起居室集中在同一个大空间内，空间相互借用，面积紧凑	餐厅与起居室相对独立，空间不可借用，占用面积较多，但独立餐厅的进餐气氛好，并可成为单独待客空间或改成独立功能的房间

五、书房

书房是办公、学习、会客的空间，应具备书写、阅读、谈话等功能。随着社会的进步、生活方式的改变，越来越多的家庭成员迫切需要在家中工作、学习，还有不少自由职业者需要在家中办公，因此书房在生活中也就占有越来越重要的地位。生活水平的提高使得人们更加注重生活品质，有着不同兴趣爱好的住户给书房赋予了各种新的个性化功能。

（一）书房的使用需求

（1）书房活动方面的需求。包括办公学习、待客谈话、收藏展示、健身娱乐等。

（2）书房空间方面的需求，如图3-20所示。

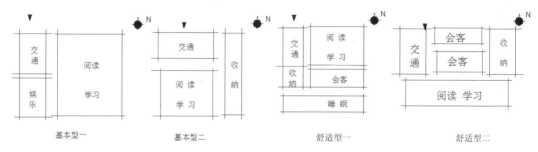

图3-20 书房空间类型

① 基本型空间需求。书房空间要能够满足最基本的功能需求，由阅读学习区域、收纳区域、交通区域组成。这种情况受到使用面积和家具的限制，而多数住户并不满足于单一的空间功能区块，往往需求更多。

② 舒适型空间需求。它由阅读学习区域、收纳区域、睡眠区域、会客交谈区域及交通区域组成。可摆设单人床或沙发床，避免因读书工作过晚造成的不规律休息影响到家人的睡眠而需要提供相对独立的空间，更可以兼作客房，招待临时留宿的客人和亲友。这是对书房功能的一种多样化使用。

（二）书房空间设计要点

常见的书房家具布置形式如图3-21所示。

（a）书房形成讨论空间　　　（b）书房中布置沙发床　　　（c）书房中布置单人床

图3-21 书房家具布置形式

1. 书桌和座椅的布置

（1）在进行书桌配置时，要考虑到入射光线的方向，尽量使光线从左前方射入；不宜将工作台对窗布置，以免强烈的阳光影响读写工作。

（2）布置书桌和座椅时，还要考虑能够为家庭成员提供谈话、讨论的空间。

当书房中窗为低凸窗时，设计时应考虑书桌的布置，避免导致凸窗窗台无法使用或利用率低的情况。

2. 书架的布置

书架应靠墙布置以求稳定，并应方便使用者就近拿取所需的文件书籍，也可在书桌邻近的上方布置一些横向隔板，代替部分书架，使拿取方便。

（三）书房的净尺寸与适宜使用面积

（1）书房的面宽。受套型总面积、总面宽的限制，满足必要的家具布置及兼顾空间感受，书房的面宽一般取2 600 mm以上。随着数字化时代的发展，居住空间SOHO（居家办公空间）化，书房与其他空间（如起居室、餐厅、卧室）相结合，面积也不断扩大。

（2）书房的进深。在板式住宅中，书房的进深一般为3 000～4 000 mm。

（3）基本型书房的净尺寸与适宜使用面积受家具尺寸和布置的影响较大，书房满足基本的功能需求的合理尺寸和使用面积，有两种尺寸：一种是大面宽，其净尺寸为2 500 mm×2 500 mm；另一种是小面宽，其净尺寸为2 400 mm×2 600 mm。

（4）舒适型书房满足舒适的功能需求的合理尺寸和面积，有两种尺寸：一种是大面宽，其净尺寸为3 450 mm×2 550 mm；另一种是小面宽，其净尺寸为2 700 mm×3 250 mm。

（四）次卧室或书房空间位置的确定

次卧室或书房空间布置比较灵活，常见位置有靠近主卧室布置、与起居室相连通等，设计时应考虑房间的使用情况及空间利用等问题，如表3-3所示。

表3-3　次卧室或书房空间位置的确定

类型	靠近主卧室布置	紧邻起居室布置
图示		

续表3-3

类型	靠近主卧室布置	紧邻起居室布置
特点	当次卧室靠近主卧室布置时，可以方便地将其与主卧室连同，穿套布置，使其便于设置成儿童房、衣帽间、兴趣室等，因卧室集中布置，其连接过道较长	当次卧室紧邻起居室布置时，便于对外接待客人或是当作客房、老人房，如作为书房，可以减少夜间工作较晚时对主卧室的影响；此外，还缩短了卧室区的过道长度，节约交通面积

任务二　辅助空间设计

一、厨房

厨房是专门为人们提供日常饮食服务的空间。在进行厨房设计时，要按照家庭炊事行为，合理设计家庭炊事流程，按照人体工程学原理及炊具储存需要，设计操作台、洗涤池、炉灶、厨具柜等设施，从而达到布局合理、空间利用充分、提高工作效率、减轻主妇家务劳动负担的目的。

（一）厨房使用要求

1. 厨房活动需求

厨房活动方面的需求，包括备餐、烹调、餐后整理等。

2. 厨房空间需求

根据住宅厨房空间的功能要求，可以将厨房空间分成两大部分，即基本空间和附加空间，如图3-22（a）所示。

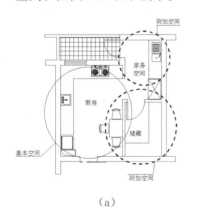

（a）

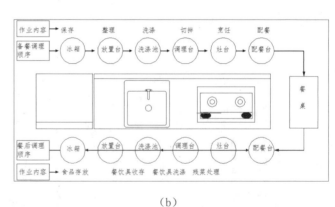

（b）

图3-22　厨房空间组成及操作流程

（1）基本空间。厨房的基本空间是指完成厨房烹调等基本功能所需要的空间，这部分空间包含以下内容：

① 操作空间。是厨房基本空间的主要部分，其本身由3部分组成：烹调空间，操作

者进行烹调操作活动的空间，主要指集中于灶台前的空间；清洗空间，完成蔬菜、餐具等的洗涤及家务清洗等活动所需的空间，主要为洗涤池前的空间；准备空间，进行烹调准备、餐前准备、餐后准备等活动的空间，主要指集中于操作台及备餐台前的空间。

②储存空间。用于摆放、整理食品原料、饮食器具和厨房用具，使厨房井然有序的空间。

③设备空间。炉灶、洗涤池、排烟换气机械设备、上下水管线、煤气管道及安装热水器等设备所需的空间。

④通行空间。为不影响厨房操作活动而必需的通道等。

（2）附加空间。厨房的附加空间是指在满足日常生活基本需要的基础上，考虑到家庭生活的特殊要求及厨房功能多样化的发展趋势所需的空间，包括以下3个方面：

①就餐空间。可以设置简易早餐台，方便早上或者人少的时候在厨房简单进餐。

②调节空间。用以满足家庭生活中亲朋聚会、节日宴请等特殊需求。

③发展空间。需要有一定的预留空间为新型设备和多样化功能进入家庭创造条件，如放置洗涤设备及安装电视、电话、电器中央控制设备的空间等。

3. 空间流水线组织的需求

厨房空间合理的平面形式及空间安排应符合厨房操作者的作业顺序与操作习惯，一般来讲要按照洗、切、炒的顺序组织操作流水线。此外，在考虑作业顺序的基础上，动线应尽可能简捷，并尽量避免作业动线的交叉和相互妨碍，如图3-22（b）所示。

4. 空间视觉联系的需求

厨房空间与其他空间应有视觉上的联系。视觉覆盖区域及视野的开阔程度等都对厨房空间的感觉及与家人交流有很大影响，如与餐室、客厅形成开放式空间，能使空间有扩大的感觉，并便于照看在餐厅、起居室活动的儿童及客人；与入口有视线的联系，可了解家人的进出情况，便于及时照应等。

（二）厨房空间布置形式

厨房空间的布置形式分为单列形、双列形、L形、U形和岛式5种。表3-4分别从定义、适用范围、优缺点的几个方面展开介绍。

表3-4　厨房空间布置形式

名称	单列形布置	双列形布置	L形布置	U形布置	岛式布置
图示					

续表3-4

名称	单列形布置	双列形布置	L形布置	U形布置	岛式布置
定义	单列形布置是指在厨房一侧布置橱柜设备	双列形布置是在厨房相对的两面墙壁布置家具设备，如一侧布置灶台、操作台，另一侧布置水池	L形布置即沿厨房相邻的两边布置橱柜设备	U形布置即厨房的3边均匀布置橱柜设备	岛式布置是在厨房中布置岛形台面，作为操作台或餐台使用
适用范围	适用于面宽狭小，只能单面布置橱柜设备的狭长形厨房或是DK式厨房（厨餐合一的厨房形式）	适用于与厨房入口相对的一边设有服务阳台而无法采用L形或U形布置的厨房，这种厨房开间进深一般不小于2 100 mm，最好为2 200～2 400 mm	这种布置适用于开间进深尺寸为1 500～2 000 mm或虽然开间进深大于2 000 mm，但由于厨房入口位置和阳台门位置的限制，而无法布置成U形的厨房	一般用于面积标准较高、平面接近方形的住宅厨房，并且在开放式厨房的平面布置中也较为多见，开间进深一般要求在2 400 mm以上	岛式平面布置在单元住宅厨房中较为少见，多用于别墅、独立式住宅等面积较大的住宅厨房中，并且多在DK式厨房及开放式厨房的平面设计中采用
优点	这种布局管线短、经济，且便于施工和水平管道的隐蔽，同时立管集中布置，节省设备空间，便于封闭，橱柜布置简单，施工误差便于调节	这种布置形式可以重复利用厨房的走道空间，提高空间的使用效率，较为经济合理	这种布置方式较为符合厨房炊事行为的操作流程，从水池到炉灶之间的操作面连续，在转角处工作时移动较少，既方便使用，又能在一定程度上节省空间；此外，这种布局的橱柜整体性强，外观整齐、美观	这种布置方式操作面长，储藏空间充足，厨房空间利用充分，设备布置也较为灵活，基本集中了双列形和L形布置的优点	这种布置方式适合多人参与厨房操作，厨房的工作气氛活跃

续表3-4

名称	单列形布置	双列形布置	L形布置	U形布置	岛式布置
缺点	由于操作者在操作中必须沿操作台的方向走动，当操作台较长时会因运动路线过长而使人感觉不舒服，且降低工作效率。此外，单列式操作台的通道只能单侧使用，难以重复利用空间，降低了空间利用的有效性	这种布置方式不能按炊事流程连续操作，需有转身的动作，同时也不利于管线的布置，需双侧设置管道区或加设横向管线，管线设备占用空间较大。特别是当厨房短边布置服务阳台时，出现跨越厨房空间的横管，不易隐蔽	当布置橱柜的墙体因施工误差而相互不垂直时，定型的L形橱柜与墙体之间的误差不易调节；此外，L形橱柜转角处空间不易利用，需要特别处理来提高利用率	由于单面布置橱柜，服务阳台的设置受到一定的限制	这种布置形式占用空间较多；若为开敞式，则油烟散溢会污染到其他房间的空气

（三）厨房的尺寸确定

市场调研表明，近几年居住者希望扩大厨房面积的需求依然较强烈。目前，新建住宅厨房已从过去平均的5～6 m²扩大到7～8 m²，但从使用角度来讲，厨房面积不应一味扩大，面积过大、厨具安排不当，会影响到厨房操作的工作效率。

厨房按面积分成3种类型，即经济型、小康型、舒适型。通常经济实用型住宅采用经济型厨房面积，一般公寓采用小康型厨房面积，高级公寓、别墅等采用舒适型厨房面积，如表3-5所示。

表3-5 不同类型厨房常用尺寸及特点

名称	图示	特征
经济型厨房	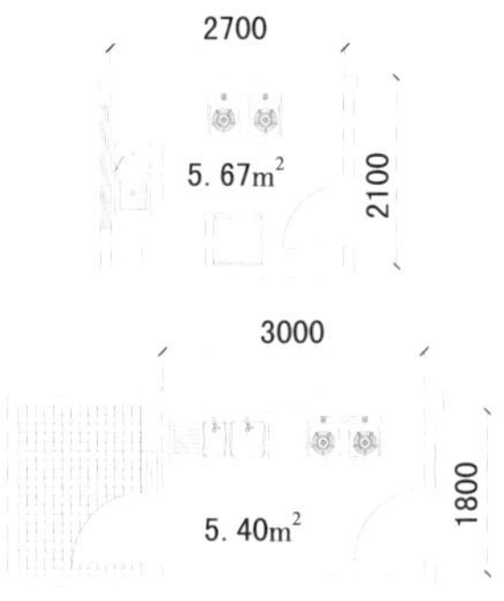	面积应在5～6 m²内； 厨房操作台总长（含水池、灶具、以下同）不小于2.7 m； 单列和L形设置时，厨房净宽不小于1.5 m，双列设置时厨房净宽不小于1.8 m； 冰箱可置于厨房，也可置于厨房近旁或餐厅内

续表3-5

名称	图示	特征
小康型厨房	2700 7.29m² 2700 3300 6.93m² 2100	面积应在6～8 m²内； 厨房操作台总长不小于2.7 m； 单列和L形设置时，厨房净宽不小于1.8 m，双列设置时厨房净宽不小于2.1 m； 冰箱尽量入厨
舒适性厨房	3000 9.72m² 2700 3000 10.53m² 2700	面积应在8～12 m²内； 厨房操作台总长不小于3.0 m； 单列和L形设置时，厨房净宽不小于2.1 m，双列设置时厨房净宽不小于2.14 m； 冰箱入厨，并能放入小餐桌，形成DK式厨房

（四）厨房与餐厅空间位置关系

在确定厨房与餐厅空间的位置关系时，二者可占的住宅面宽的多少往往起着决定性的作用。在小户型和小面宽的住宅中，首先必须按国家规范保证厨房占有外墙面，能对外开窗。在有条件的情况下，可争取餐厅直接通风采光，并且尽量增大厨房与餐厅的"接触面"（即两空间共同的界面），加强厨餐的空间交流，也使居住者在该处装修的自由度更大，为日后改造（如设置开敞式厨房等）创造条件。根据厨房与餐厅的位置关系分为两大类：串联式，即厨房与餐厅穿套布置，餐厅不占和少占面宽；并联式，即厨房与餐厅并列布置，餐厅占住宅面宽，如表3-6所示。

表3-6　厨房与餐厅空间的位置关系

类型	串联式布置		并联式布置	
图示	厨房 餐厅　窗	厨房 餐厅	厨房　餐厅	厨房　餐厅

续表3-6

类型	串联式布置		并联式布置	
特点	厨房面宽压紧，为餐厅留有开窗机会；餐厅局部对阳台开通，间接通风采光	厨房横向布置，空间面积较大，餐厅没有可供开窗的外墙面；餐厅要通过厨房间接组织通风和采光	厨房、餐厅均占住宅总面宽；厨房外设服务阳台，餐厅自然采光；通风条件优越	餐厅外侧设服务阳台；餐厅通过服务阳台间接通风采光

二、卫生间

卫生间是住宅中重要的功能空间。随着居住质量的改善，城镇住宅的卫生间已超越了满足简单的个人卫生需求的阶段，因此如今的卫生间设计需要解决的是如何提高其品质，以适应居民对居住环境文明与更高舒适程度的要求。

（一）卫生间的使用要求

（1）卫生间活动方面的需求，包括排便、洗浴、盥洗、家务等。

（2）卫生间空间方面的需求。

① 基本空间需求。从住宅卫生间的基本功能可以知道，排便、洗浴、盥洗等活动是卫生间的基本空间内容。因此，厕所空间、浴室空间、洗脸化妆空间等功能空间便组成了卫生间的基本空间部分。

② 家务空间需求。住宅卫生间中还具有洗衣、清洁扫除等功能，从而组成了卫生间的家务空间部分，如图3-23（a）所示。

（3）扩展空间需求。由于住宅卫生间功能的发展，健身、娱乐、桑拿浴、护肤等活动也开始进入住宅的卫生间。这些传统功能以外的新的功能空间，便组成住宅卫生间的扩展空间，在大型住宅和别墅中应用较多，如图3-23（b）所示。

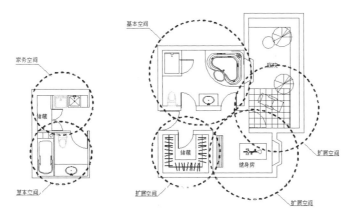

（a）基本空间+家务空间　　（b）基本空间+扩展空间

图3-23　卫生间的空间组成

（二）卫生间空间设计要点

1.卫生间主要设备布置

1）便器的布置

（1）坐便器的前端到前房门、墙或洗脸盆（独立式、台面式）的距离应保证在500~600 mm内，以便于站立、坐下、转身等动作能比较自如，左右两肘撑开的宽度为760 mm，因此坐便器厕所的最小净面积尺寸应为800 mm×1 200 mm。

（2）蹲便器的布置要考虑人蹲下时与四周墙的间距，一般最少保证蹲便器的中心线距两边墙各400 mm，即净宽在800 mm以上。纵向应尽可能在前方留充足的空间，以便起身。

（3）便器和洗脸盆间应保持一定距离，一般最少保证蹲便器的中心线到洗脸盆边的距离不小于450 mm。

（4）由于便器旁边需设手纸盒和扶手，因此应尽量布置在靠墙一侧。

2）盆浴和淋浴的布置

由于盆浴与淋浴时会有大量的水溅湿周边空间，因此在布置浴盆和淋浴器这两件设备时应与脸盆及坐便器分开，形成干湿分区，也可用淋浴隔屏或浴帘等进行分隔。

（1）浴盆一般靠墙布置，洗浴空间布置时还要考虑留有完成穿脱衣服、擦拭身体等动作的空间及内开门占去的空间。

（2）当卫生间较宽时，浴盆旁边应当设置一定的台面来放置洗浴用品或便于使用者以坐姿进出浴盆。

（3）要注意在浴盆临近的墙面上设置扶手，方便进入和起身。

（4）设置淋浴间时，应考虑人体在里面活动转身空间的大小和门的开启方式。内部空间较大时，淋浴间的门可向内开；内部空间较小时，应向外开门，以防人在内侧发生事故倒下时挡住门，使外面的人无法救助。

（5）在常用的3件套卫生间中，会设置脸盆、便器和浴盆，其中浴盆的位置可与淋浴房互换，淋浴房与浴盆相比，长度较小、宽度较大。考虑到居住者的需求不同，按照浴盆宽度或按淋浴间的大小应事先留出一定的空间尺寸，确定洁具的配备方式，使住户各得其所。

3）洗衣机的布置

洗衣机一般设在卫生间的前室或阳台上，洗衣机旁需要设置洗涤池，并且尽量在靠近洗衣机的位置设置一定长度的操作台，便于洗衣前后准备及分拣衣物等动作的完成。

2. 卫生间布置形式

卫生间的平面布置有多种形式，分为集中型、前室型和分设型3种型式，如表3-7所示。

表3-7 **卫生间的布置形式**

类型	集中型	前室型	分设型
图示	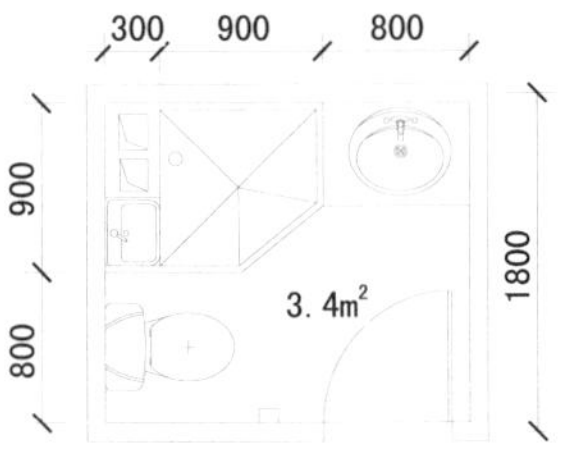	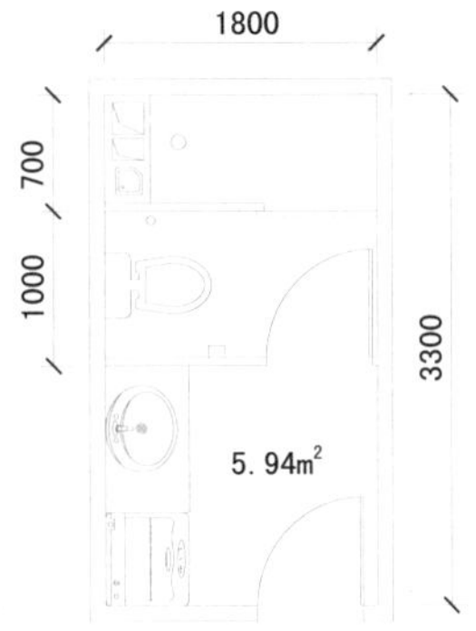	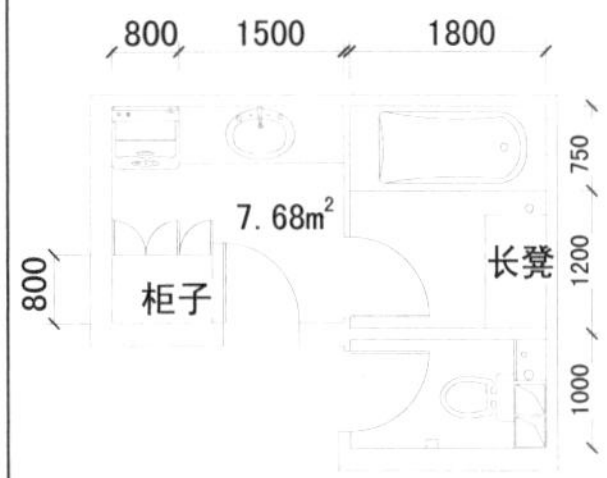
定义	集中型卫生间是将卫生间的各种功能集中在一起，即把洗脸盆、浴缸、便器等卫生设备布置在同一空间内	前室型卫生间是将卫生空间的基本设备根据需要，部分独立设置，部分合为一室，且空间之间进行穿套而形成前室的布局形式，一般见于住宅中公共卫生间	分设型卫生间是将卫生间中厕所、浴室，洗漱化妆间中的厕所、浴室，洗漱化妆间和洗衣间等空间各自单独设置
优点	节省空间、管线等布置简单，较为经济	干湿分区在一定程度上能够解决不同功能空间同时使用的矛盾	各空间可同时使用，特别是在使用的高峰期可减少彼此之间的干扰，各空间功能明确，干湿分离，使用起来方便、舒适
缺点	当一个人占用卫生间时，会影响家庭其他成员的使用，因此不合适人口较多的家庭，而且当卫生间面积较小时，很难设置储藏等空间；此外，浴室的湿气等会影响洗衣机的寿命，因此集中型卫生间适于在多卫生间户型中的主卧卫生间采用（不包含洗衣空间）	由于部分卫生设备置于一室，仍存在一定相互干扰的现象，不能彻底解决使用中的冲突	占用空间较多，建造成本高，一般适用于别墅及大面积的套型中

（三）卫生间的尺寸确定

1. 3件套卫生间平面尺寸

（1）典型的3件套卫生间是把浴盆或淋浴房、便器、洗脸盆这3件基本洁具合放在一个空间中的卫生间，如图3-24（a）所示。

（2）布置3件套洁具可充分利用共用面积，所占空间面积相对较小，一般面积控制在3.5～5 m²。

2. 4件套卫生间平面尺寸

（1）4件套卫生间是把浴盆、便器、洗脸盆以及洗衣机或淋浴房这4件洁具合放在一个空间中的卫生间，如图3-24（b）所示。由于洗淋浴方便、快捷，近几年在较大的主卧卫生间中，将浴盆和淋浴房并设的情况逐步增多。

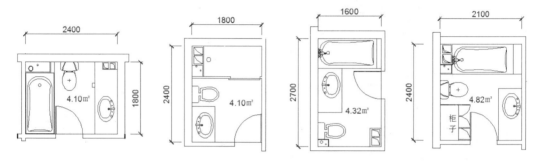

（a）3件套卫生间平面布置及常用尺寸

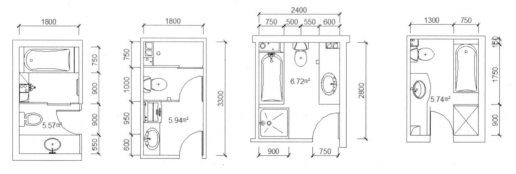

（b）4件套卫生间平面布置及常用尺寸

图3-24 卫生间平面布置及常用尺寸

（2）布置4件套洁具的卫生间所占空间面积稍大，一般面积为5.5～7 m²。

（四）双卫生间的位置关系

随着生活水平的提高和居住条件的逐步改善，人们对双卫生间的需求率越来越高，双卫生间常分成一个公共卫生间和一个主卧卫生间。双卫生间可减缓家人早晚入厕高峰时间使用的矛盾，又可保证主、客卫各自的私密性和卫生性，有许多优点。目前，最常见的两居室特别是三居室中应用很多。两个卫生间所处位置，明与暗，大与小，对于住宅节地、节省面宽乃至整个户型的布局都起到至关重要的作用。2个卫生间之间的位置关系与户型整体布置存在一定的内在联系，分为分开式布置、紧邻式布置、中部分开布置形式。表3-8是双卫生间常见的板式住宅三室户型中的位置关系。

表3-8 双卫生间的位置关系

类型	双卫分开式布置	双卫紧邻式布置	双卫在中部分开式布置
图示			
特点	双卫分开式布置：一个卫生间在北部，为公共卫生间，可以直接采光；另一个卫生间在中部，为主卫。因只有一个主卫在中部，户型总进深不大。当在北部的卫生间与厨房邻近时，有管线比较集中的优点	将两个卫生间相邻布置在中部，同时利用楼栋的凹缝，组织自然通风是常用的节地手法；但采光效果不太好，同时需要解决对视的问题。这类设计有助于增加套型的进深，节约面宽，并使管线布置集中	两个卫生间均布置在中部，都没有自然采光和通风，有助于增大套型的进深，节约面宽，充分利用中部空间。但不适合通风要求高的南方地区

三、储藏空间

储藏需求各家不同，难以统一，但储藏空间不足、设计不合理却是当前住宅设计的一个通病。发达国家，特别是日本，对储藏空间的设计颇有研究，也做出了许多优秀、精致的设计。设计中应结合实际情况，解决目前住宅中常见的储藏问题，如不重视储藏空间的分类、储藏空间总量不足、储藏空间缺乏"人性化"设计等。住户的各种物品储藏量相当大，住宅必须有足够的存储空间，否则其他空间会被占用。

储藏空间有壁柜、吊柜和独立小间等形式。一般住宅常见的需要储藏的物品包括日常杂物、季节性物品及暂存物品等。储藏空间设计要点有以下几方面：

（1）在住宅中应设有集中的储藏室，同时还应有分散于不同居住空间的储藏空间。

①集中式储藏空间设置要点。

a.在确定储藏空间尺寸、门的位置以及开启形式后，应最大限度地利用空间。

b.可预留管线、地漏，必要时可将储藏空间改作卫生间、洗衣间等用水空间。

c.围护墙宜采用轻质隔墙，以便于改造，也可并入其他居室以扩大其面积等。

② 分散式储藏空间设置要点。根据储藏物品的性质、使用情况等特征，在不同居室设置储藏空间，以方便就近拿取使用。

a. 门厅应设置鞋子、外衣、雨具、体育用品及儿童玩具等的空间。

b. 起居室应设置放置电视机、音响设备及零食、茶具等杂品的空间。

c. 厨房应设置储存各类炊具、餐具、食品及摆放部分家用电器（如电磁炉、微波炉、电饭煲、电烤箱、洗碗机、电饼铛）等的空间。

d. 餐厅应设置摆放茶具、酒具等物品的空间。

e. 卫生间应设置储存卫生用品、浴巾等干净物品以及待洗衣物等的空间。

f. 卧室应设置存放衣物、被褥、贵重物品等的空间。

g. 书房应设置摆放和存储大量书籍、文具、文件和家用电器的空间。

（2）要充分利用"零散空间"用于储藏，如图3-25所示。

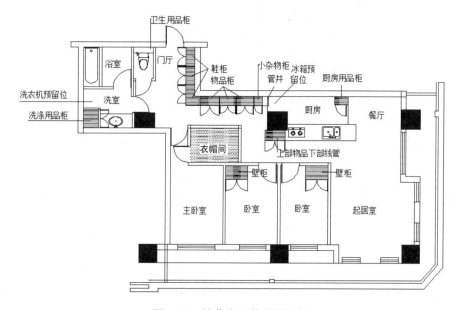

图3-25　储藏空间的设置实例

① 利用过道、居室的上部空间设置吊柜。

② 利用房间边角部分设置壁柜。

③ 利用坡屋顶的屋顶空间设置阁楼。

④ 利用户内楼梯的低层下部和顶层上部空间放置物品。

（3）要结合使用频率确定具体存放的位置。日常使用的物品要放置在触手可及的地方，偶尔使用或季节性较强的物品则可以考虑存放在吊柜或高柜上部空间，同时要根据需要存放物品的类型选用不同的储藏方式，如橱柜式、隔板式或抽屉式。

（4）应结合人体工程学，从人的视线可及范围、操作姿势与柜体、门扇、储物之间的关系及安全性角度来确定储藏空间尺度的设计。

（5）应采取一定的措施保证储藏空间的通风，如门上设置百叶、房间上方加设排风扇等，以及可开设小高窗等方式通过其他房间间接采光。

四、阳台

阳台是为了获取阳光而设置的，是住宅同大自然的过渡空间。它对于打破套内空间的过于封闭及改善居室的通风、日照和采光起到重要的作用。此外，阳台还具有晾晒衣物、培植花草和储存物品等的使用功能，是住宅功能中不可或缺的辅助空间，同样也是丰富建筑外观的重要元素。

（一）阳台空间类型

（1）按照使用功能，阳台可分为生活阳台和服务阳台。

① 生活阳台供生活起居使用，一般设于楼栋阳光充沛的南向，与起居室或卧室相连，该处阳光充足，住户可以在此种植花草、洗衣晾晒等，如图3-26（a）所示。

② 服务阳台一般位于住宅的背阳面，是家居生活中进行杂务活动的场所，满足住户储藏、放置杂物、洗衣、晾衣等功能需求，多与厨房或餐厅连接，如图3-26（b）所示。

（2）按平面形式，阳台可分为凸阳台、凹阳台和半凸半凹阳台，如图3-26（c）、（d）、（e）所示。

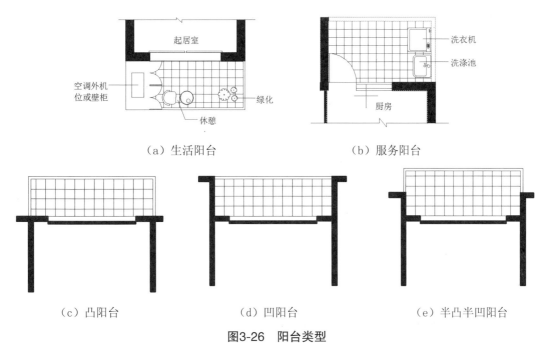

（a）生活阳台　　　　　　　（b）服务阳台

（c）凸阳台　　　　　（d）凹阳台　　　　　（e）半凸半凹阳台

图3-26　阳台类型

（二）阳台设计的要求

（1）开敞式阳台的地面标高应低于室内标高30～150 mm，并应有1%～2%的排水坡度将积水引向地漏或泄水管。

（2）阳台栏杆需要具有抗侧向力的能力，其高度应满足防止坠落的安全要求。低层、多层住宅不应低于1 050 mm，中高层、高层住宅不应低于1 100 mm。

（3）阳台设计应综合考虑空调室外机的放置问题，便于空调室外机的安置和检修，同时使阳台立面丰富。

（4）要避免阳台过深或形态特殊对下层住户造成的阳光遮挡，影响其日照效果。

（5）阳台的安全、视线干扰等也是不容忽视的问题。

五、露台

露台是指顶部无遮盖的露天平台，如不设雨棚的顶层阳台、退台式住宅中退台后部分的下层屋顶。它是居室空间的外延，为住户提供理想的室外活动空间，如呼吸新鲜空气、获取阳光、种植花草、休闲娱乐、烧烤聚餐等；此外，还可以用来晾晒衣物和被褥，有时可设置一些储藏功能，因具备底层院落的优点，受到不少居住者的青睐。

露台空间设计要点如下：

（1）要集中设置露台，其空间大小的确定要考虑能够容纳三四人一起坐下，还可以布置桌案、躺椅、体育用品等。

（2）要尽量避免进入露台必须穿行私密性较强房间的情况发生。

（3）由于露台基层需要进行找坡、保温、防水等处理，往往会使屋面构造厚度超过居室楼面构造厚度，造成室外标高高于室内标高。为防止露台门处雨水倒灌，常需做出较大高差，露台的室内入口一侧将出现台阶，这对室内的铺地装修、家具布置和日常使用十分不利。因此，要注意相关构造措施及空间处理，如在露台处进行降板处理、在便捷处设置门和台阶等。

（4）露台栏杆、女儿墙必须防止儿童攀爬，国家规范规定其有效高度不应小于1 100 mm，高层建筑不应小于1 200 mm。

（5）彼此相邻相连的平台，应有分护栏板或隔墙，防止视线干扰；隔墙、栏板应结合住宅建筑风格加以设计，以与整体风格协调并丰富立面设计。

（6）应为露台提供上下水，方便住户洗涤、浇花、冲洗地面、清洗餐具等活动。

（7）露台内侧表面应做好防水处理，特别是转角交接处，表层材料要便于清洗、擦拭，避免选用涂料等易剥落、开裂的材料。当露台设置花台、花池时，要注意其覆土深度和渗漏问题。

任务三　交通空间设计

一、门厅

门厅是从户外进入室内的过渡空间，是联系户内外空间的缓冲区域。近几年住宅中，随着门厅的功能逐步扩大，门厅的空间设计受到重视。

（1）随着生活水准的提高，人们养成了进门后换鞋和更衣的习惯，门厅需要为换鞋、更衣、整装及存放鞋帽、衣物、雨具、包袋等功能提供足够的空间。

（2）门厅是一个半开放的空间，是宾朋来访的起点。门厅应能够方便地迎送、礼待客人，给来访者留下良好的第一印象。

（3）门厅还应具有一定的装饰性，并与居室内整体的装饰风格相协调，能够充分反映主人的审美修养和情趣个性。

（4）门厅应具备"屏风"的功能，使入户门处不能直视私密性要求高的区域，保护住宅内部空间的私密性。

（5）门厅的大小及空间划分，应根据套型的面积大小综合考虑。通常在小面积的套型中，门厅与起居室或就餐空间合并，达到空间互借的效果，而在面积较大的套型空间中，门厅则可以独立设置，更好地起到过渡、缓冲的作用。

门厅虽然空间相对较小，但应具有多种功能，应充分利用空间精心设计。

（一）门厅的使用需求

（1）门厅活动方面的需求，如满足换鞋更衣、整理着装、暂存物品等需求。

（2）门厅空间方面的需求。

① 基本空间需求。门厅应有足够的空间用以满足弯腰、坐下换鞋和伸展更衣，并应保证有合适的视距以便居住者照镜整理服装，同时还要考虑来客时多人共同使用门厅的需求。

② 过渡空间需求。应方便连接户内外空间，保证客厅、餐厅等居室空间不能直接看见门厅中鞋子摆放的混乱状态，同时也保护户内空间的私密性。

③ 储藏空间需求。有专门的空间能够存储鞋、衣物、婴儿车及小物品，并留有设置台面的空间，用来放置随身携带的书包、钥匙、购物袋及暂存垃圾等。此外，还应有放置雨伞、雨衣等湿物品的空间。

④ 接待空间需求。门厅还应具备主客寒暄、递送礼物的空间。此外，还要考虑有快件接收、抄表等签字时使用的写字空间。

⑤ 印象空间需求。该空间还应起到展示主人个性的作用，给来访的客人留下美好的第一印象。

（二）门厅的家具及布置

门厅的家具，可分为储藏类和装饰类两种类型。储藏类家具包括衣柜、鞋柜、玄关柜等，装饰类家具包括屏风、靠几、饰面家具等。坐凳一般与相关储藏类家具同时存在、辅助使用，为基本型玄关的必备家具。

由于门厅空间大小、形状以及户门位置不同，家具的摆放方式也不同。常见的坐凳与鞋柜的位置关系有单列式、双列式和L形。

二、走道、过厅

走道、过厅是户内各功能房间联系的纽带，主要是避免因房间穿套而造成空间之间的穿插与干扰。其空间设计要点主要有以下几方面：

（1）能便捷地连接各个功能空间。

（2）面积需经济节约，避免过道延伸过长。

（3）应将主要交通空间组织在过道中，并尽量提高过道的利用率。

（4）可沿过道一侧设置开向过道的壁柜，增加储藏功能。

（5）过道的宽度及过道中门位置的确定，要考虑到方便大件家具（如沙发、双人床、床垫等）的搬运，同时不宜过于狭窄、曲折。住宅规范中规定通往卧室、起居室的过道净宽不得小于1 000 mm，通往辅助空间时不应小于900 mm。

（6）过道常连接多个门，在确定门的位置时要从通风、私密性等角度加以考虑。

（7）设计过道时要兼顾装修要求，避免给后期装修造成影响，如垭口、对景墙面的完整性、对称性等。

项目四　室内设计的应用技术

任务一　室内装饰材料

所谓室内装饰材料，是指构成建筑室内空间环境的各种要素部件的各种材料。由于室内空间主要是由地面、墙体和顶棚三大空间界面组成的，故室内装饰材料的设计主要指这三大空间界面的设计。同时，在室内设计中，装饰材料的选择直接影响着室内装饰的效果，对装饰材料基本特征的了解和对装饰材料种类、功能的掌握，决定着设计者对材料的最终选择和审美价值取向。室内装饰材料又称建筑饰面材料，它是指主体建筑完成之后，对建筑物的室内空间和室外环境进行功能和美化处理而形成不同装饰效果所需的材料。建筑装饰材料是集材料、工艺、造型设计、美学于一身的材料，它是建筑材料的一个组成部分，是建筑物投入使用不可或缺的部分。

室内装饰材料按照材料使用的建筑部位来划分，可以分为以下3类：

（1）墙面装饰材料；

（2）地面装饰材料；

（3）顶棚装饰材料。

按照材料本身的功能来看主要有吸音、防潮、隔热、防水、防霉、防火、耐酸、耐碱等。这些材料要有针对性地应用于建筑内部，如电影院、剧院、音乐教室等空间的室内装饰就会大量地选择吸音材料；卫生间、浴室等空间里防水、防潮材料必不可少；厨房、公共场所等室内空间防火材料的使用也是必需的。

一、室内装饰材料概述

（一）室内装饰材料的发展状况

随着人们生活质量的提高，对自己所居住、工作、游憩等的生活空间也有了特定的需求，室内空间的简单包装已经不能满足人们的身心需求，因此室内设计行业的发展已不仅仅依附于建筑行业的发展，也不再局限于美术装饰的范畴，而是趋于专业化、独立化，作为一个具有独立个性的行业正在蓬勃向前发展，室内设计业的兴旺带动了装饰材料行业的专业化快速发展。

当前室内装饰材料的发展状况主要表现在以下几点。

1. 向绿色、生态发展

随着科学的进步，能源的大量开采，人类文明程度日益提升，人们的生存环境发生了天翻地覆的变化：地球污染严重、气候变暖、空气洁净度降低、资源减少、能源匮乏、土地沙漠化、水质日渐恶化等。近年来，人类生存环境日益恶化的现状越来越受到重视，而"绿色"的概念贯穿于各行各业中，正在影响着人类生活的方方面面，已经成为当今世界的主题和人们美好的愿望。

"绿色材料"的概念是在1988年第一届国际材料科学研究会上被首次提出的，绿色就意味着环保、安全、可持续等。绿色材料主要有四大特征：

（1）生产环节节省天然资源。

（2）生产技术低能耗，无污染。

（3）产品配置中不添加甲醛、卤化物、芳香族碳氧化合物、汞及其化合物等。

（4）可循环使用或回收利用。

绿色材料越来越成为装饰工程中的首选。人们的生存空间直接影响人的心情、健康、情感甚至一生，因此室内空间的质量显得尤为重要，而室内环境问题与室内装修材料的安全、健康是密切相关的。

2. 积极开发和使用各种新型复合材料

复合材料是由几种不同性质的材料分别作为基体或者增强体，通过物理或化学的复合工艺，在宏观上组成的新材料，除具备原材料的性能外，同时能产生新的性能，互相取长补短，产生协同效用，使复合材料的综合性能优于原材料而满足各种不同的要求。

复合材料的基体材料主要有以下两类：

（1）金属：常用的有铝、镁、铜、钛及其合金。

（2）非金属：常用的有合成树脂、橡胶、碳、陶瓷、石墨等。

复合材料的增强体材料主要有玻璃纤维、碳纤维、硼纤维、芳纶纤维、碳化硅纤维、石棉纤维、晶须、金属丝和硬质细粒等。

任何一种物质都有其无可替代的优点，但也同样具有其不可避免的缺点，因此没有十全十美的适用于室内装饰的物质。特定的室内环境、特定的使用功能、特定的受用人群对材料会提出特别的要求，这种需求往往是多元化的需求，而非单一功能的装饰材料所能够满足的，这时候多功能的复合材料就是很好的选择，因为复合型材料可以取长补短，可避免单一材料的"短板"，如表4-1所示。

目前，复合材料已经快速地被市场和消费者接受并使用，这种复合技术开发的各种新型复合材料已经成为未来材料领域的发展趋势。

表4-1　几种复合材料举例介绍

复合材料名称	基体材料和增强体材料	优点	适用部位
大理石陶瓷复合板	（1）3～5 mm厚的天然大理石 （2）5～8 mm厚的陶瓷板	（1）抗折强度高 （2）重量轻 （3）易安装 （4）保持了大理石典雅、高贵、不可复制的装饰效果 （5）有效利用天然石材，减少开采量，绿色环保	（1）墙面 （2）地面
复合丽晶石	（1）高强度透明玻璃 （2）高分子材料	（1）立体感强 （2）装饰效果独特 （3）不吸水 （4）抗污 （5）抑菌 （6）易于清洁	（1）墙面 （2）地面
复合型贴面石	（1）有色浆料 （2）硅橡胶的模框 （3）高分子膜的脱模材料	（1）花纹立体感强 （2）光洁度好 （3）强度高 （4）与建筑材料可粘性好 （5）价格低廉	（1）墙面 （2）可用作室内外挂件和艺术品

3.规范化、标准化

规范化是："在经济、技术和科学及管理等社会实践中，对重复性事物和概念，通过制定、发布和实施标准（规范、规程和制度等）达到统一，以获得最佳秩序和社会效益。"

随着建筑设计和室内设计的国际化和无国界化，装饰材料全球化的速度也在加快，材料的标准化和配套化成为交流的首要条件。但是装饰材料种类繁多，影响它和它影响的行业也特别多，在产品的标准化、规范化、配套化方面有一定难度。

4. 精细化、专业化

随着标准化、规范化的逐步实施，现在室内装饰材料的生产制作也打破了某一大类产品垄断的状况，只要按照一定的配套标准进行生产制作，那么在市场的流通中就是可行的。这样就为装饰材料研发制作时更加细化的分类提供了巨大的可能性，或者说材料从研发到制作专业划分可以更细了。中国装饰行业正在努力向国际化方向发展，已经开始重视生产制作和市场的精细化、专业化，用先进的技术保证装饰材料的精细，以专业化流程生产出满足顾客多样化需求的产品。

（二）室内装饰材料的作用

室内设计是依据一定的设计方法对室内空间环境进行美化的活动，它可以反映空间的时代特征、民族气质、城市地域风貌。室内设计特性的体现很大程度上受到装饰材料的制约，尤其是受到装饰材料的光泽、质地、质感、图案、花纹等装饰特性的影响。各种变幻莫测、主体感极强的新型材料能够创造出同一种空间的不同的心理感觉。因此，装饰材料是室内设计方案得以实现的物质基础，只有充分了解或掌握装饰材料的性能，按照使用环境条件合理地选择所需材料，充分发挥每一种材料的长处，做到材尽其能、物尽其用，才能满足环境艺术设计的各项要求。

1. 室内装饰材料是室内设计的物质基础

从一定意义上讲，室内设计是通过对室内装饰材料的合理运用，从而达到艺术与技术完美结合的过程。

室内装饰材料是室内设计的物质基础，是室内设计的必备条件。室内空间环境的装饰效果及功能都是通过装饰材料的质感、色彩及性能等方面的因素来实现的。

2. 室内装饰材料制约着室内设计思想的实现程度

室内装饰材料制约着室内设计思想的实现程度，这主要表现在以下两个方面：

（1）选择装饰材料得当与否是最根本因素。任何一种材料都有自身的优点和缺点，优点是在一定的条件下存在的，不是恒久不变的，利用其优点的同时其缺点也随之而来，但应能把握其缺点对室内装饰工程的影响程度，如果选择应用得当能使设计取得意想不到的效果。因此，要权衡利弊，合理选材，否则室内设计思想就不能完全实现。

（2）运用装饰材料的娴熟程度和施工技术的精湛程度是决定因素。只有从事装饰工程的设计人员和工程技术管理人员都熟悉各类装饰材料的品种、性能、特点和技术要求，才能最大限度地实现装饰设计。

3. 室内装饰材料可以对建筑空间的表皮起到保护作用

室内装饰工程是基于既有建筑的基础上进行的，也就是说，室内装饰是对建筑空间的再设计、再创新和再完善。建筑物表皮经过一些自然或人为因素的影响，其耐久性和美观度会大打折扣，而室内装饰材料的应用大部分就是针对建筑表皮而进行的，通过涂刷、贴面、干挂和湿挂等施工方法附着在建筑物表面，形成保护层，具有一定的硬度、耐磨性、耐侵蚀性、抗污染性，从而提高建筑表皮的寿命。

4.室内装饰材料是激发设计师灵感的良药

每种材料都有自己的个性和适用性，设计师对材料的了解程度和运用娴熟程度会直接反映在设计和最终成果中，装饰材料能给设计师的创作提供物质的依托和灵感的来源。一些室内设计师一直都在使用某种特定的材料，从而为自己设计个性化标签。

1）室内设计师Alexander Beleschenko与玻璃

Alexander Beleschenko对玻璃的热衷达到了极致，在他的眼中，玻璃不再是简单的建筑材料，它们是有生命力的，是可以被任意创造的。他能够给玻璃上色，可以修饰玻璃，可以蚀刻玻璃，甚至可以把玻璃弯成各种造型，制作成全球市场需求量很高的万花筒等形式的透明艺术品。他的作品闻名于世也是得益于对玻璃这种材质的大胆应用。如在英国城市Coventry，他用了800个共性的玻璃造型装饰一座千年大桥，使得这座大桥重新获得了生机，熠熠生辉，如图4-1所示。

图4-1　Alexander Beleschenko的玻璃桥和MJP/Whitbybird的螺旋坡道

2）室内设计师Jeanet与聚亚安酯

聚亚安酯是一种人造材料，被Jeanet娴熟地运用于各种室内地面的装饰中。你可以称她为室内设计师，也可以称她为画家，因为她的设计是通过绘画来表达的。与普通画家相比，她并不是用画架、帆布和画笔作画，她用的是一种叫做聚亚安3酯的人造材料，这种以往只用于工业地板的材料，却被Jeanet发现很适合自己的设计表达。她穿上特制的鞋子，快速地在地板上浇出想象出来的图案，鲜艳的色彩和简单的线条成了她作品的鲜明特点。如在瑞士苏黎世的一座办公楼的地板呈现出的是鲜艳的色彩、简单的线条，很有装饰效果，这也成了Jeanet作品的特点。

5.装饰材料是室内装饰造价的主要因素

据统计，一般情况下材料造价要占装饰工程造价的60%～70%，甚至更多。由此可见，在控制工程造价时装饰材料造价的控制是首先而且主要考虑的方面。一般来说，材料越高档，造价越高。当然要避免一个误区，就是材料越高档不一定装饰效果就越好，装饰效果的好坏是一个多种因素影响下的综合成果。

（三）室内装饰材料的地位及特征

1.室内装饰材料的地位

（1）构成建筑实体的物质基础，创造建筑艺术的必备条件。

（2）营造理想室内环境的依据，决定施工方法的基础。

（3）保证安全、卫生及控制工程造价的条件。

2.室内装饰材料的特征

室内装饰材料能体现出空间的意境与气氛，但要通过材料的质感、线条、色彩才能表现出来，材料的功能与效果也要通过材料的基本特征来展现。任何一种装饰材料都需要具备以下特征，在选择具体部位材料时，综合考虑材料的多项性能，才能运用自如。

（1）颜色、光泽、透明性。

（2）表面组织。

（3）形状和尺寸。

（4）平面花饰。

（5）立体造型。

（6）基本使用性。

二、室内装饰材料的种类

室内装饰的目的是美化空间环境，创造较好的使用性与欣赏性的空间效果。装饰效果的好坏，很大程度上取决于材料的选择与应用。通过材料的色调与质感、形状与尺寸、工艺与手段，来打造不同的室内装饰效果。因此，材料及其配套产品的选择应用与整体空间环境要相协调，在功能内容上与室内艺术形式统一，要充分考虑到整体环境空间的功能划分、材料的外观效果、材料的功能性及材料的价格等综合性问题。

（一）石材

1.天然石材

石材是人类历史上应用最早的材料，尤其西方的建筑史被称为石头的历史。石材具有其他材料无法比拟的特性，坚硬、抗压、耐磨、耐久、抗冻等，同时具有天然的光泽、纹理和色彩，经过不同的加工工艺能够呈现不同的气质，在室内装饰工程中广泛用于高档场所。

石材分为天然石材与人造石材两类，天然石材又分为大理石和花岗岩，如表4-2所示。

表4-2　常见大理石、花岗岩品种对比

大理石品种	大理石图片	花岗岩品种	花岗岩图片
爵士白		山东白麻	
紫罗红		玫瑰红	
墨玉		黑金砂	
浪花白		樱花红	
珊瑚红		贵妃红	
大花白		芝麻白	
浅咖网		印度红	
金线米黄		金砖麻	

1）大理石

它是指变质或沉积的碳酸盐类岩石。大理石质地细密、抗压强度高、吸水率低、可打磨、颜色丰富、有美丽的天然纹理，多用于饰面材料，但由于表面硬度不大，较少用于室外，属于中硬石材。表4-2所示金线米黄天然大理石，天然的线条交织成网状，现代气息浓厚，常用于高档室内装饰工程中；紫罗红天然大理石透露着一股高贵典雅之气。

大理石一般都含有杂质，而且碳酸钙在大气中受二氧化碳、碳化物、水汽的作用，也容易风化和溶蚀，而使表面很快失去光泽。大理石表面有细孔，所以在耐污方面比较弱。除了少数的品种，如汉白玉、艾叶青等质纯，杂质含量少，适用于室外，其他品种不宜用于室外，一般只用于室内装饰。大理石在室内装修中常用在电视机台面、窗台台面、公共场所室内墙面、柱面、栏杆、窗台板和服务台面等部位。

2）花岗岩

这是一种分布最为广泛的涂层酸性火成岩，具有很明显的晶状纹理，构造致密、硬度大、强度高、吸水率低、耐磨、耐压、耐温、抗冻、耐风化、耐酸碱，多用于室内墙面、地面，属于硬质石材。表4-2中芝麻白花岗岩，是一种常用的花岗岩，相对价位较低。印度红花岗岩透露着一股喜庆之气。

2. 人造石材

以不饱和聚酯树脂为黏结剂，配以天然大理石或方解石、白云石、硅砂、玻璃粉等无机物粉料，再加入适量的阻燃剂和颜料等，经配料混合、浇铸、振动压缩、挤压等方法成型固化，制成一种色彩艳丽、光泽如玉、酷似天然大理石的人造石材。人造石材是人们根据实际使用过程中，针对天然石材的性能不足而研究出来的，它在防潮、防酸、防碱、耐高温、拼凑性方面都有很大的改进，因此目前被广泛应用。人造石材可以分为人造大理石、人造花岗岩、水磨石和人造石英石等。

（1）人造大理石。在模仿天然大理石的纹理和色彩的基础上，可以通过人工加工处理使纹理和色彩更加丰富。具有质轻、强度高、无孔隙、耐磨、耐腐蚀、抗污染和易加工的性能。

（2）人造花岗岩。与人造大理石的技术性质大致相同，其硬度比人造大理石更高。

（3）水磨石。这是一种现浇或预制的材料，具有强度高、价格低、坚固耐久的特点，多用于地面、楼梯、踢脚板等。

（4）人造石英石。又被称为金刚石，其质地坚硬、紧密、光泽度好、耐磨、耐压、耐高温、耐腐蚀、防渗透性好，但价位高，同时也由于过硬无法做出过多的造型。

3. 微晶石

微晶石也称微晶玻璃、玉晶石、水晶石、结晶化玻璃、微晶陶瓷，是一种采用天然无机材料，运用高新技术经过两次高温烧结而成的新型环保高档建筑装饰材料，如图4-2所示。

它集中了玻璃与陶瓷的特点，但性能却超过它们，在机械强度、耐磨损、耐腐蚀、电绝缘性、介电常数、热膨胀系数、热稳定和耐高温等方面均大幅度优于现有的工程结构材料（陶瓷、玻璃、铸石、钢材等）。比起天然花岗岩、大理石有更好的装饰效果。

微晶石是近年来在建筑行业流行的装饰材料，它具有华贵典雅、色泽优美、耐磨损、不褪色、无放射性污染等优秀的性能，经常在大型建筑物内外装饰中闪亮登场，成为现代建筑装饰首选之石。

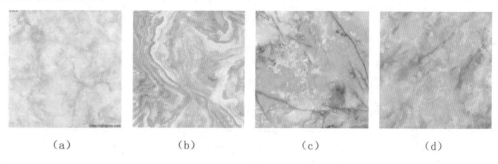

　　（a）　　　　　　　　（b）　　　　　　　　（c）　　　　　　　　（d）

图4-2　微晶石

4.水磨石

　　水磨石是以水泥做凝聚材料，大理石粒为骨料，掺入不同的色彩，经过搅拌、养护、研磨等工序，制成的一种具有装饰效果的人造石材，如图4-3所示。水磨石原料丰富、价格较低，施工工艺简单，装饰效果好，广泛用于室内外装饰工程中。现今，普遍使用防静电水磨石，此类水磨石性能优于传统水磨石，其成本低、工艺简易、施工灵活，在防静电性能和建筑性能上表现更为优良。

　　水磨石花色样式很多，色泽艳丽光亮，不燃烧、不起尘、不吸潮、无异味，无任何环境污染，可做地面、台面、台板等，常用在公共空间大面积的地面，如学校教室的地面、工厂车间地面，施工方便，可以现场整体浇制，装饰分格用铜分格条，打普通地板蜡即可维护保养，不影响其防静电性能。地坪表面平整、光滑、清洁、坚硬、耐污损、耐腐蚀等。

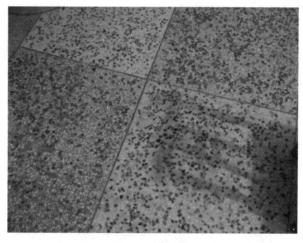

图4-3　彩色水磨石

（二）木材

　　木材在中国的建筑行业可谓功勋卓著，中国的建筑史本身就是木材的历史，木材具有易采集、易雕饰、材质轻、弹性强等优点，因此木材的应用极为广泛和娴熟；但也有其不可避免的缺点：易腐蚀、易变形，而且目前面临木材越来越缺乏的现状。

1.木方

木方是装饰中常用的一种材料，有多种型号。木方是装饰装修中常用的骨架和基材，用来支撑造型、固定结构，也称为木龙骨。一般是用在吊顶或者装饰造型中结构连接部位。木方常用的规格一般分为30 mm × 30 mm、30 mm × 40 mm、30 mm × 50 mm，俗称3个方或者5个方。装饰工程中，多用在造型的内部结构，如天花龙骨、隔墙基础、地板龙骨、木作造型龙骨等，是室内外装饰工程中不可缺少的装饰基层材料。

（1）常用种类。包括落叶松木方、白松木方、杉木木方，如图4-4所示。

（2）分类。根据使用部位来划分，又可分为吊顶龙骨、铺地龙骨以及悬挂龙骨等。根据装饰施工工艺不同，还有承重龙骨及不承重龙骨等。

2.板材类

（1）纤维板，如图4-5所示，是用木材或植物纤维作为主要原料，经机械分离出单体纤维，加入添加剂制成板坯，通过热压或胶黏剂组合成的人造板。纤维板表面光洁、质地坚实、使用寿命超长，厚度主要有3 mm、4 mm、5 mm三种。纤维板表面经过防水处理，其吸湿性比木材小，形状稳定性、抗菌性都较好，且含水率低，常用在建筑工程、家具制造、橱柜门芯装饰，还可用作计算机室抗静电地板、护墙板、防盗门、墙板、隔板等的制作材料。

图4-4 白松木方

图4-5 纤维板

（2）细木工板，如图4-6所示，俗称大芯板，两片单板中间粘压木板。它将原木切割成条，拼接成芯，外贴面材加工而成。其竖向抗弯压强度差，但横向抗弯压强度较高。按树种可分为柳桉木、榉木、柚木、杨木、桦木、松木、泡桐等，杨木颜色偏白，杉木颜色偏黄，柳桉木颜色偏红；杨树木质最差，柳桉木木质最好。现在市场上使用的细木工板大部分是实心、胶拼、双面砂光、五层的细木工板，尺寸规格1 220 mm × 2 440 mm，常用的厚度有12 mm、15 mm、18 mm等。广泛用在家具、门窗及门窗套、隔断、天花造型、假墙、暖气罩、窗帘盒、造型墙等部位，是室内外装饰工程必备的基层材料。

细木工板的特性可以归纳为以下几点：

① 强度高，具有质坚、吸音、绝热等特点，而且含水率不高，在10% ~ 13%，加工简便，用途最为广泛。

② 细木工板比实木板稳定性强，但怕潮湿，施工中应注意避免用在厨卫等潮湿环境。材质软，便于木工加工造型。

（3）集成板，如图4-7所示，是一种新型的实木材料，利用短小木材像手指一样交错拼接成的大幅板材。它一般采用优质木材，目前较多的是用杉木作为基材，经过高温脱脂干燥、指接、拼版、砂光等工艺制作而成。它克服了有些板材使用大量胶水、黏结的工艺特性。目前，此产品广泛流行于中高档装修工程中，同时也是室内装修最环保的装饰板材之一。其特性如下：

图4-6　细木工板

图4-7　集成板

① 环保性。由于工艺不同，集成板比细木工板甲醛含量低，是细木工板允许含甲醛量的1/8。

② 美观性。集成板是原质原味的天然板材，木纹清晰，自然大方，有回归自然的天然朴实之感。

③ 稳定性。集成板是经过高温脱脂处理，再经榫结构拼成，经久耐用，不生虫、不变形，还散发出木质淡淡的清香。

④ 经济性。集成板表面经过砂光定厚处理，平整光滑，用于装饰造型、家具表面无须再贴面板，可以直接刷漆，省工省料，经济实惠。

⑤ 实用性。集成板规格厚度有多种，常见的有12 mm、15 mm、16 mm、18 mm、20 mm等，制作家具时可根据部位的不同分开使用厚度，既美观又省钱，适合各种装修使用。

（4）刨花板，如图4-8所示，刨花板是由木刨花或木纤维组成，如木片、锯屑等经过干燥，拌以合成树脂胶、硬化剂、防水剂等，在一定的高温压力下压制成的一种人造板，也称碎料板。其特点是：

① 成本低，常用芯板材料，容重均匀，厚度误差小，其稳定性差，属于低档装修材料。

② 刨花板表面平整，纹理逼真，边缘粗糙，容易吸湿，制作家具时边缘暴露部位要采取相应的封边措施处理，可防止变形又增加美观效果。

③ 有良好的吸音和隔音性能。

④ 刨花板耐污染、耐老化、美观，可进行油漆和各种贴面处理。

图4-8　刨花板

⑤ 刨花板属于握螺钉力低的材料，抗弯性和抗拉性较差，密度疏松易松动。

⑥ 刨花板的幅面尺寸较多，适合各种尺寸的造型，常见的厚度为6 mm、8 mm、10 mm、12 mm、13 mm、16 mm、19 mm、22 mm等，板材厚度越大，含胶量越大。

刨花板在建筑装饰装修中主要用于隔断墙、室内墙面装饰及制作普通家居等。刨花板表面常以三聚氰胺饰面双面压合，经封边处理后与中密度板的外观相同，也是橱柜制作的主要材料。同时它的胶含量大，可利用其制成直接安装的半成品建筑装饰板。

3. 木地板

目前，市场上出售的地板主要有实木地板、强化复合地板、实木复合地板、软木地板和竹木地板等。由于各种木地板材质不同，生产工艺不同，其装饰效果、价格和质量也不同。

1）实木地板

实木地板采用天然木材制作而成，具有自然美观、舒适保暖的特点。

（1）按木质划分，主要有柞木、柚木、水曲柳、桦木、橡木等。

柚木是木材中的优质品种，纹理漂亮，木材呈黄褐色，材质性能好，可以匹配各种树种的实木家具，尤其适合欧式新古典主义家具和中国古典家具，但价格较高。柞木也是木地板的上乘材料，纹理变化多样，多山水纹和水波纹，相当美观，如图4-9所示。橡木颜色淡，因此也被称为"白橡"，力学强度高，耐磨损，价格在200元/m^2，如图4-10所示。

图4-9　柞木实木地板　　　　　图4-10　橡木实木地板

水曲柳地板以长白山产地的性能最佳，纹理清晰、装饰效果好、价格适中。桦木的各项性能指标均不及以上几种，但价格较低。

（2）按结构形成划分：

① 平口实木地板，形为长方体、四面光滑、直边，生产工艺较简单。

② 企口实木地板，整块地板是由一块木材，经过开榫槽及背槽直接加工而成，产品技术要求比较全面。

③ 拼方、拼花实木地板，是由多个小块地板按一定的图案拼接而成，多呈方形。其图案有一定的艺术性或规律性。生产工艺比较讲究，要求的精密度高，特别是拼花地板，它可能由多种木材拼接而成，而不同木材特性是不一致的。

④ 竖木地板，以木板横切面为板面，呈正四边形、正六边形，其加工设备也较为简单，但加工过程的重要环节是木材改性处理，关键是克服湿胀干缩开裂。

⑤ 指接地板，由相等宽度、不等长度的小地板条胶合而成，并有榫和槽，一般与企口实木地板结构相同，并且安装简单，自然美观，变形较小。

⑥ 集成地板，由宽度相等的小地板条指接起来，再横向拼接而成。这样地板幅面大，边芯材混合并互相牵制，性能稳定，不易变形，色彩纹理给人一种天然的美感，如图4-11所示。

图4-11　集成地板

实木地板有以下两个特性：一是保持了原木自然温暖的特点，容易与室内其他家具饰品和谐搭配，给人以温馨、舒适、干爽和回归自然之感。二是安装比较麻烦，价格较高。地板木质细腻干燥、受潮后易收缩，产生反翘变形现象，不耐磨、易腐蚀，使用时间久后会发黑失去光泽，一般一个月打蜡一次，保养非常复杂。

2）实木复合地板

复合地板是近几年来流行的地板材料，是由不同树种的板材粉碎后，添加胶、防腐剂、添加剂后，经热压机高温高压处理而成的，克服了实木地板单向同性的缺点。复合木地板强度高、规格统一、板面坚硬耐磨、干缩湿胀率小，具有较好的尺寸稳定性，并保留了实木地板的自然木纹和舒适的脚感。同时解决了实木地板易变形不耐磨的缺陷，而且脚感特别舒服，又弥补了实木地板难保养的缺点。复合地板无须上漆打蜡，易打理，使用广泛，代表了强化木地板的发展方向，是很好的环保材料，如图4-12所示是榆木实木复合地板。

3）强化复合木地板

强化复合木地板由四层结构组成，分别是耐磨层、装饰层、基材层与防潮层。第一层最关键，由三氧化二铝组成，有很强的耐磨性和硬度，氧化铝含量制约着强化复合木地板表面层的耐磨性，是强化地板中最坚硬的一层保护，如图4-13所示。

图4-12 榆木实木复合木地板

强化复合木地板具有以下特点：

（1）耐磨。强化复合木地板的耐磨性约为普通漆饰地板的10~30倍以上，表面坚硬，经久耐用。

（2）美观。可用电脑仿真出各种木纹和图案，色彩多样，拼花自然，款式雅致、豪华气派。

（3）稳定。彻底打散了木材原来的组织，破坏了各向异性及湿胀干缩的特性，尤其适合于有地热系统的房间。

（4）维护方便。无尘，抗污力强，免打蜡，免涂漆，不易变形、不起翘。

图4-13 强化复合木地板

（5）抗静电。防腐蚀、防虫蛀、防潮湿，但水浸泡损坏后不可修复，脚感较差。其防水性能只是针对表面而言，强化复合木地板使用中特别忌讳用水浸泡。

表4-3所示为地板产品知名品牌及常用规格。

表4-3 常用地板的尺寸 （单位：mm）

常用长度尺寸	常用宽度尺寸	常用厚度尺寸	常见知名品牌
450	75	8	
610	85	12	
760	95	15	圣象、大自然、扬子、德尔、升达、菲林格尔、莱茵阳光、安信、瑞嘉、福人、吉象等
910	125	18	
1 210	150	20	
1 820	180	25	

4）软木地板

软木是生长在地中海沿海的橡树的保护层，即树皮，俗称栓皮栎，软木地板的原料就是这些橡树的树皮。软木地板所谓的软，其实是指其柔韧性非常好，在制成地板时，经历加压处理，其稳定性能完全可以达到地板的要求，如图4-14所示。

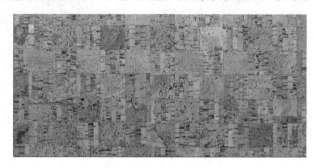

图4-14　软木地板

软木地板的特点如下：

（1）安全、柔软，恢复性能和弹性好，即使特别重的家具压在上面也不会形成明显的压痕，也可在重物撤去后恢复原状。

（2）绝对的环保产品。软木来源于自然，本身无毒无害，软木每隔9年采剥一次，采剥后树木仍会继续生长出新的树皮，每棵树可以采剥10～12次。软木地板是真正的绿色环保材料，对大自然的树木毫无损坏。

（3）隔音、隔热、绝缘。隔音性极佳，可以降低脚步的噪声，降低家具移动的噪声，吸收空中传导的声音。

（4）耐磨性好。软木的细胞结构决定了它比实木地板更加耐磨，表面带树脂耐磨层的软木地板，耐磨度是实木地板的10倍以上。

（5）防潮、阻燃，具有防潮、不易变形的特点，不怕水浸泡，它可以铺在厨房、卫生间等非常潮湿的环境中，同时又具有良好的阻燃性，在离开火源后会自然熄灭。

（6）防滑、抗静电、绝缘。软木的吸水率几乎为零，所以软木又是非常好的绝缘体。

（7）易于维护，花色丰富，具有天然花纹，高雅美观，独具风格。

（8）耐腐蚀，耐化学污染。耐油、水、酸、碱等多种化学液体，在自然条件下非常耐久，可自然保存几十年，不会变形或开裂。

（9）软木不含淀粉和糖分，虫蚁不蛀，防虫、不生霉菌。

（10）常用的规格有600 mm×300 mm×4 mm、915 mm×305 mm×11 mm两种，既适应南方潮湿湿润的环境，也能在北方的干燥环境使用，是地板行业近几年来出现的一种新产品。

5）竹地板

竹地板是竹子经漂白、硫化、脱水、防虫、防腐等工序加工处理之后，再经高温、高压、热固、胶合而成的。竹地板品质稳定，是住宅、宾馆和写字间等的高级装饰材料，如图4-15所示。

（a）

（b）

图4-15　竹地板

竹地板有如下10个特点：

（1）耐磨、耐压、防潮、防火。

（2）防蛀。经过脱去糖分、淀粉、脂、蛋白质等特殊无害处理后的竹材，具有超强的防虫蛀功能。

（3）竹地板无毒，牢固稳定。它的物理性能优于实木地板，铺设后不开裂、不扭曲、不变形起拱。

（4）强度高，硬度高，脚感不如实木地板舒服，具有适度弹性，可减少噪声，不需要打蜡上光，便于日常维护且容易清洁。

（5）在价格上有一定的优势，价格在实木地板与实木复合地板之间。

（6）色差较小，具有丰富的竹纹，色泽柔和靓丽、竹纹清新自然、竹香怡人，但外观没有实木地板丰富多样。

（7）竹地板突出的优越性便是冬暖夏凉，特别适合铺装在客厅，老人、小孩子的起居室，健身房，书房等地面及作为墙壁装饰。

（8）地板表面光洁柔和，几何尺寸合理，长、宽、厚的常规规格有915 mm×91 mm×12 mm、1 800 mm×91 mm×12 mm等。

（9）使用寿命可达20年左右，不适合用于浴室、洗手间、厨房等潮湿的区域，受日晒和湿度的影响会出现分层现象。

（10）采用竹子为原料，可减少对木材的使用量，起到保护环境的作用。

6）塑木地板

塑木地板是用PP、PE、PVC等树脂或回收的废旧塑料与锯木、秸秆、稻壳、玉米秆等废弃物，经特殊工艺制成基材，表面再经耐磨处理，制成的新型环保地板，如图4-16所示。规格有30 mm×105 mm×2 000 mm、30 mm×145 mm×2 000 mm等。

塑木地板可分为两类：

（1）以PVC为主要塑料基材，填充植物纤维并轻微发泡制成的地板，表面经耐磨处理后用于室内，概称室内木塑地板。

（2）以PE、PP等工程塑料为塑料基材，填充植物纤维而制成的地板，一般无须耐磨处理，主要用于户外，概称户外铺板。

图4-16　塑木地板

塑木地板的特性：

（1）产品耐用、耐老化、耐高温、抗低温、抗静电、使用寿命长，是木材的5倍以上。

（2）稳定性好、不开裂、无翘曲，可钉、可刨、可漆、可粘。

（3）产品的外观具有天然木纹，视觉效果好，表面不需要涂漆，常见颜色有棕色和灰褐色两种，表面颜色无色差。

（4）施工方便，容易成型，韧性较高，防水防滑、防霉、防腐、防虫、抗菌，可以在厨房、洗手间、浴室等环境中使用。

（5）健康环保，不含甲醛、氢苯等有害物质，免除装修污染，是真正的绿色环保产品。

（6）使用功能多样，可以在室外建筑及园林景观工程中使用，如铺路地板、栅栏、椅凳等，取代木材制作成各种包装物、装饰材料、家具材料等，如图4-17所示，也适用于地暖铺设，塑木材料成为建筑装饰材料的新宠。

7）塑胶地板

塑胶地板是PVC地板、橡胶地板、亚麻地板、静电地板、运动专用地板的统称，如图4-18所示。这些产品具有良好的装饰效果，脚感柔软、舒适，有各种颜色与纹理，并且可使用异形拼接、耐磨抗压、清洁卫生，不过环保的问题还有待改善。此类地板广泛运用在公共场所，如幼儿园、游泳池、老年活动中心、儿童游乐场、健身场所、露台、机场、商场等。

图4-17　室外铺设塑木地板

图4-18　塑胶地板

（三）陶瓷

室内装饰陶瓷是指用于室内装修工程的陶瓷制品，按照工艺不同通常可分为釉面砖和通体砖；按照工程中常用的陶瓷制品分为釉面砖、陶瓷面砖、陶瓷锦砖、琉璃制品、卫生陶瓷等。陶瓷面砖又分为内墙釉面砖、墙砖、外墙面砖和地面砖。

1.具体类型

1）内墙釉面砖

内墙釉面砖俗称瓷砖，常用规格、品牌见表4-4。釉面砖表面光滑，图案丰富多彩，有单色、印花、高级艺术图案等。釉面砖具有不吸污、耐腐蚀、易清洗的特点，多用于厨房、卫生间，如图4-19所示。近年来，彩色釉面陶瓷墙地砖种类繁多，大多砖表面施有美观艳丽的釉色和图案，可用于地面，也可用于墙面。釉面砖吸水率较高，吸湿膨胀小的表层釉面处于压力状态下，长期冻融会出现剥落掉皮现象，所以不能用于室外。

表4-4　常见瓷砖规格、品牌

种类	尺寸（mm × mm）	品牌	分类及相关产品
常用的内墙砖	200×300、250×330、250×400、300×450、300×500、330×600、330×900	诺贝尔瓷砖、冠军瓷砖、马可波罗瓷砖、蒙娜丽莎瓷砖、亚细亚瓷砖、罗马瓷砖、冠珠瓷砖、鹰牌瓷砖、东鹏瓷砖、萨米特瓷砖	配套的产品有花砖和腰线。花砖尺寸与内墙砖的尺寸一致，常用的腰线尺寸为：250 mm×80 mm、450 mm×60 mm、316 mm×100 mm
常用的外墙砖	200×300、52×152、52×235、200×400、140×280、60×240	冠珠外墙砖、智鹏外墙砖、腾达外墙砖、豪山外墙砖	外墙砖常见种类有条砖、拉毛砖、无釉手工拉毛砖、古陶砖、仿古装饰青砖、劈开砖、机制砖、文化砖等
常用的地面砖	400×400、500×500、600×600、800×800、900×900、1 000×1 000	马可波罗地砖、诺贝尔地砖、东鹏地砖、冠军地砖、蒙娜丽莎地砖、宏宇地砖、新中源地砖、萨米特地砖、斯米克地砖	常见的有抛光砖、玻化砖、釉面砖、传古砖、马赛克等

2）墙砖

墙砖按花色可分为玻化墙砖、印花墙砖等。现流行花砖和腰线与瓷砖配套的形式贴拼，腰线砖和花砖多为印花砖、浮雕砖。施工时采用横竖贴拼或斜拼、环绕拼贴，能够贴出很多图案，是个性设计中常用的方法。

3）外墙面砖

外墙面砖是用于外墙装饰的板状陶瓷建筑材料。可分为有釉、无釉两种。无釉外墙贴面砖又称墙面砖，有时也可用于建筑物地面装饰，大多情况下作为建筑物外墙装饰的一类常见的建筑材料，如图4-20所示。

图4-19　内墙釉面砖

图4-20　外墙面砖

4）地面砖

地面砖分为釉面砖、抛光砖、玻化砖、仿古砖、陶瓷锦瓦五类。

（1）釉面砖。是由瓷土经高温烧制成坯，并施釉两次烧制而成的，产品表面色彩丰富、光亮晶莹、吸水率大，在表面层没有破坏之前其抗污能力较高，花色丰富，价格便宜。目前用作地面材料的越来越少，作为内墙砖使用的越来越多。

（2）抛光砖。通体砖坯体表面经过打磨而成的一种光亮砖，属于通体砖的一种。质地坚硬耐磨，适合在除洗手间、厨房以外的多数室内空间中使用。但是抛光砖抛光时会留下凹凸气孔，这些气孔会藏污纳垢，装修时也有在施工前打上水蜡以防粘污的做法。

（3）玻化砖。在抛光砖的基础上解决抛光砖出现的易脏问题而制作的一种砖，玻化砖也叫全瓷砖。其表面光洁但又不需要抛光，所以不存在抛光气孔的问题，上下材质一样，砖的烧结温度高，瓷化程度好。表面光洁像镜面，吸水率小，防滑耐磨，耐酸碱、不变色、寿命长。适合家居室内装修，宾馆、酒店、商场等公共场所都更多地选择玻化砖，如图4-21所示，是目前比较流行且实用的地面装饰材料。

（4）仿古砖：也称耐磨砖，如图4-22所示，高温烧制，质地坚硬，釉面耐磨，适合各种场所的装饰，能体现典雅、幽静、自然的怀旧风格，如图4-23所示。

图4-21 玻化砖

图4-22 仿古砖（一）

（a）

（b）

图4-23 仿古砖（二）

（5）陶瓷锦砖。

陶瓷锦砖也称马赛克，一般分为陶瓷马赛克、玻璃马赛克、金线熔融玻璃马赛克、烧结玻璃马赛克、金属马赛克等，如图4-24所示。马赛克除正方形外还有长方形，如图4-25所示，异形品种如图4-26所示，体积是各种陶瓷砖中最小的，常见规格有20 mm×20 mm、25 mm×25 mm、30 mm×30 mm、50 mm×50 mm、100 mm×100 mm。马赛克给人一种怀旧的感觉，用于浴室地面、厨房、卫生间、墙面、柱面等处，如图4-27所示。

2.陶瓷制品的发展趋势

（1）大规格瓷砖比较受欢迎。

（2）艺术瓷砖多样化，花砖、腰线等装饰要素增多。平面瓷砖向立体瓷砖及三位立体图案瓷砖发展。

（3）复合瓷砖流行，以木纹、玻璃、石材、树脂、不锈钢与瓷砖结合制成特色瓷砖。

（4）复古趋势明显，在追求高光、亮釉面的热潮后，又开始向仿古砖的怀旧风格迈进。

（5）玻化砖以其特有的品质、光泽度、光滑性及耐磨度等性能而博得人们的认可。

（6）绿色瓷砖，无辐射、绿色环保的产品是新产品研发的主流。

（a）陶瓷马赛克

（b）玻璃马赛克

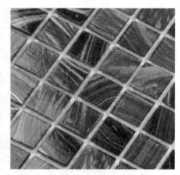

（c）金线熔融玻璃马赛克

（d）烧结玻璃马赛克

（e）金属马赛克

图4-24　马赛克（一）

图4-25　长方形马赛克

图4-26　异形马赛克

（a）

（b）

图4-27　马赛克（二）

（四）玻璃

玻璃是一种重要的装饰材料。室外外墙玻璃和室内的艺术玻璃在建筑领域中的使用频率都很高，人们越来越重视玻璃对居住空间的装饰美化作用。玻璃品种很多，分类方法也很复杂，常见的玻璃主要有平板玻璃、装饰玻璃、安全玻璃、特种玻璃、新型装饰玻璃、玻璃砖等，还有其他类别的玻璃，如防火玻璃、镀膜玻璃、彩色玻璃、玻璃瓦、玻璃马赛克、玻璃家具等。本项目重点介绍室内装饰工程中具有特殊效果的艺术玻璃及玻璃新产品。

1.装饰工程中的常见玻璃及艺术玻璃

1）平板玻璃

平板玻璃是室内外装饰工程中最普通的常用玻璃品种，如图4-28所示，有透光、隔音性能，还有一定隔热性、隔寒性。平板玻璃硬度高，抗压强度要求好，耐风压、耐雨淋、耐擦洗、耐酸碱腐蚀。但其质脆、怕强震、怕敲击，安全性差，安全程度高的场所建议使用钢化玻璃。常用厚度为3 mm、5 mm、6 mm。主要用于各种门窗、橱柜、柜台、展台、展架、玻璃隔架、家具玻璃门等，是使用最广泛的玻璃材料。

2）钢化玻璃

钢化玻璃是利用加热到一定温度后迅速冷却的方法，使用普通平板玻璃经过加工处理而成的一种预应力玻璃，如图4-29所示。钢化玻璃不容易破碎，即使破碎也会以无锐角的颗粒形式碎裂，对人体伤害大大降低。该玻璃除普通玻璃的透明度外，还具有很高的温度急变抵抗性、耐冲击性和机械强度高等特点，因此在使用中较其他玻璃相对安全，故又称安全玻璃。常用于高层建筑门窗，以及商场、影剧院、候车室、医院等人流量较大的公共场所的门窗、橱窗、展台、展柜等。

图4-28 平板玻璃　　　　　　　　　　　　　图4-29 钢化玻璃

3）磨砂玻璃

磨砂玻璃也是普通平板玻璃再经研磨、喷砂加工，使表面成为均匀粗糙的平板玻璃，也称毛玻璃，一般厚度在9 mm以下，以5 mm、6 mm的居多，如图4-30所示。这类玻璃易产生漫射作用，只有透光性而不透视线，作为门窗玻璃可使室内光线柔和，没有刺目之感。常用于室内隔断或浴室、办公室等需要隐秘和不受干扰的空间。

4）喷砂玻璃

喷砂玻璃的性能基本与磨砂玻璃相似，是用高科技工艺使平面玻璃的表面形成侵蚀，再经喷砂处理成透明与不透明相间的图案，又称为胶花玻璃。此类玻璃与磨砂玻璃在视觉上相似，不好区分，常用于表现界定区域却互不封闭的地方。喷砂玻璃给人以高雅、美观的感觉，适用于室内门窗、隔断和灯箱制作，如图4-31所示。常用厚度6 mm，最大加工尺寸为2 200 mm×1 000 mm。

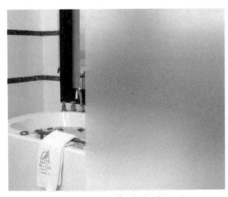

图4-30 磨砂玻璃　　　　　　　　　　　　　图4-31 喷砂玻璃

5）镶嵌玻璃

镶嵌玻璃是用铜条或铜线与玻璃镶嵌加工，组合成具有强烈装饰效果的艺术镶嵌玻璃，如图4-32所示。可以将各种性质类似的玻璃任意组合，再用金属丝条加以分隔，合理地搭配，呈现不同的美感。镶嵌玻璃最初用于教堂装饰，如今彩色镶嵌玻璃多用于欧式豪华风格的装饰造型中，广泛用于门窗、隔断、屏风、采光顶棚等处。

6）冰花玻璃

冰花玻璃是一种利用平板玻璃特殊处理后形成具有类似自然冰花纹理的玻璃，如图4-33所示。冰花玻璃与压花玻璃、磨砂玻璃、喷砂玻璃性能类似，对通过的光线有漫射作用，使用范围相似，其装饰效果优于压花玻璃等，给人以清新之感。目前，最大规格尺寸2 400 mm×1 800 mm。可用于宾馆、酒店等场所的门窗、隔断、屏风和家庭装饰，具有良好的装饰效果。

图4-32　镶嵌玻璃

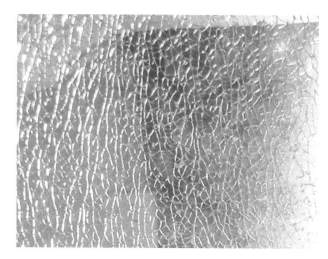

图4-33　冰花玻璃

7）釉面玻璃

釉面玻璃是指在按一定尺寸切裁好的平板玻璃表面上涂敷一层彩色的易溶化釉料，经过烧结、退火或钢化处理，使釉层与玻璃牢固结合，制成具有美丽的色彩或图案的玻璃，如图4-34所示。常见釉面玻璃有透明和不透明两种，釉面玻璃具有良好的化学稳定性和装饰性，图案精美、不褪色、不掉色、易于清洗。广泛用于室内工程饰面层、门厅和楼梯间的饰面层等位置。

图4-34　釉面玻璃

8）刻花玻璃

刻花玻璃是由平板玻璃经涂漆、雕刻、围蜡、酸蚀、研磨而成。与压花玻璃制作工艺类似，但图案立体感要比压花玻璃强，似浮雕一般。刻花玻璃主要用于高档场所的室内隔断或屏风，如图4-35所示。刻花玻璃一般是按用户要求定制加工，最大规格为2 400 mm×2 000 mm。

图4-35　刻花玻璃

9）镜面玻璃

镜面玻璃就是我们日常生活中使用的镜子，是玻璃表面通过化学或物理等方法形成反射率极强的镜面反射玻璃制品，如图4-36所示。用于装饰工程中的镜子，为提高装饰效果，在镀镜之前可对原片玻璃进行彩绘、磨刻、喷砂、化学蚀刻等加工处理，形成具有各种花纹图案或精美字画的镜面玻璃。在装饰工程中常利用镜面的反射和折射来增加空间距离感，或改变光照的强弱效果。

10）压花玻璃

压花玻璃是将熔融的玻璃液在急冷中通过带图案花纹的辊轴滚压而成的，也称花纹玻璃或滚花玻璃，其表面有各种图案花纹且凹凸不平，当光线通过时产生漫反射，具有一定的艺术效果，如图4-37所示。一般规格为800 mm×700 mm×3 mm，多用于办公室、会议室、浴室以及公共场所分隔空间的门窗和隔断等。

图4-36　镜面玻璃　　　　　　　　　　图4-37　压花玻璃

11）琉璃玻璃

琉璃玻璃是将琉璃烧熔，加入各种颜色，在模具中冷却成型而成，色彩鲜艳，装饰效果强，如图4-38所示。但尺寸、规格都很小，价格相对同类产品较贵，多用在豪华场所背景墙、顶棚等的装饰中，如图4-39所示。

图4-38 琉璃玻璃

图4-39 琉璃玻璃在顶棚上的运用

12）冰裂玻璃

冰裂玻璃是将三片玻璃用两层PVB或替代材料合制而成的玻璃制品，中间夹一层钢化玻璃，形成固定化结构后，将中间钢化玻璃碎裂，碎裂的图纹形状自然、无规律，具有夹层玻璃的特性，又兼具装饰、观赏性，如图4-40所示。

（a）

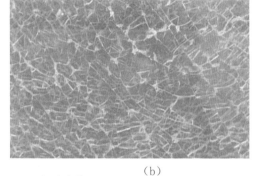
（b）

图4-40 冰裂玻璃

13）彩绘玻璃

彩绘玻璃在制作中，先是用一种特制的胶绘制出各种图案，然后用铅油描摹出分隔线，最后利用特制的胶状颜料在图案上着色，如图4-41所示。彩绘玻璃图案丰富亮丽，能创造出一种赏心悦目的和谐氛围，增添浪漫迷人的现代情调，是在家具装饰中运用较多的一种装饰玻璃。

图4-41 彩绘玻璃

14）玻璃砖

玻璃砖又称特厚玻璃。分为实心和空心两种，具有无色、透明、耐冲击、机械强度高等特点，如图4-42所示。其内部质量好，加工精细，适用于高级宾馆、影剧院、展览馆、酒楼、商场、银行的门面、大门、玻璃墙、隔断墙，也可用作橱窗、柜台、展台等的大型玻璃架，是一种高级装饰玻璃，如图4-43所示。

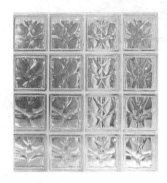　

（a）玻璃砖　　　　　　　　　　　（b）作为隔断的玻璃砖

图4-42　玻璃砖

15）玻璃锦砖

玻璃锦砖又称玻璃马赛克，是用高白度的平板玻璃，经过高温再加工熔制而成，无毒、无放射性元素。玻璃锦砖具有耐碱、耐酸、耐温、耐磨、防水、高硬度、不褪色的优良性能，颜色绚丽，色泽众多，可以拼成各种颜色的漂亮混色，热稳定性好，常见的有普通玻璃马赛克、幻彩玻璃马赛克、金星线玻璃马赛克、水晶玻璃马赛克等好多产品。形状各异，其一般尺寸为20 mm×20 mm、25 mm×25 mm、50 mm×50 mm、100 mm×100 mm等。常用在地面、墙面、游泳池、喷水池、浴池、体育馆、厨房、卫生间、客厅、阳台等处装修，添加了一种豪华和素雅的立体空间氛围。

2.新型玻璃制品

1）金银质感玻璃

金银质感玻璃也叫金属感玻璃，如图4-43所示，它是用一种特殊的原料，通过专业的操作技法，使玻璃表面形成金属氧化膜，能像镜子一样反光。此种玻璃主要用于宾馆、饭店、商场、影剧院等建筑的外立面、门面、门窗等处，也用于大型壁画、小型壁饰、各类工艺品及装饰玻璃中。

2）视飘玻璃

视飘玻璃是一种高科技产品，是在没有任何外力的情况下，本身的图案色彩随着观察者视角的改变而发生飘动，即随人的视线移动而带来玻璃图案的变化和色彩的改变，形成一种独特的视飘效果，使居室平添一种神秘的动感，如图4-44所示。视飘玻璃适应各种温度，具有不变色、图案色彩丰富、新颖的特点，而且价格也较低廉。

3）镭射玻璃

镭射玻璃是以玻璃为基材的新一代建筑装饰材料，其特征在于经特种工艺处理，玻璃背面出现光栅，在阳光、月光和灯光等光源的照射下，形成艳丽的气色光，且在同

图4-43 金银质感玻璃　　　　　图4-44 视飘玻璃

一感光点上会因光线入射角的不同而出现色彩变化，使被装饰物显得华贵，如图4-45所示。镭射玻璃的颜色有银白、蓝、灰、紫、绿色、红色，适用于酒店、宾馆，各种商业、文化、娱乐等设施的装饰。

4）景泰蓝玻璃

景泰蓝玻璃是用景泰蓝釉料在玻璃表面加工成的一种色彩丰富，操作施工无污染的一种高档艺术玻璃，如图4-46所示。是以立线彩晶玻璃为基础，以景泰蓝装饰玻璃效果为蓝本，制造出的一种表面五光十色、绚丽多彩的装饰玻璃。

图4-45 镭射玻璃　　　　　图4-46 景泰蓝玻璃

5）乳花玻璃

乳花玻璃又叫酸化蒙砂玻璃，是最近出现的装饰玻璃。它是借助丝网板，直接在玻璃表面进行印刷的一种装饰玻璃，可加工出多种装饰图案，以适应不同的使用场所，有隔离射线的功效。它的花纹清新、美丽，富有装饰性，如图4-47所示。乳花玻璃一般厚度为3～5 mm，最大加工尺寸为2 000 mm×1 500 mm。其用途与喷花玻璃相同。

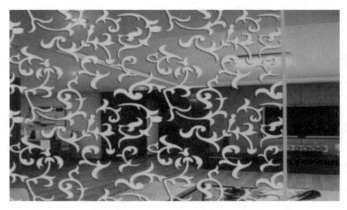

图4-47　乳花玻璃

6）玻璃纸

　　玻璃纸也称玻璃膜，严格来说不属于玻璃的一种，但它具有透明度，具有多种颜色和花色，根据纸膜的性能不同，具有不同的性能，如图4-48所示。绝大部分起隔热、防红外线、防紫外线、防爆等作用。玻璃贴膜还具有令室内冬暖夏凉的作用，玻璃贴膜具有环保、节能、耐用、易用的特点，是环保材料发展的趋势。

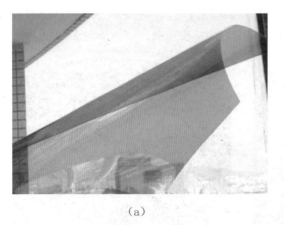

（a）　　　　　　　　　　　　　　　　　（b）

图4-48　玻璃膜

7）聚晶石玻璃

　　聚晶石玻璃逐渐成为现代建筑装饰、室内建材、家具装饰、居家装修和高档设计的最新趋势，反映了现代市场对先进建材的一种时尚需求，如图4-49所示。聚晶石玻璃作为一种融合高科技的特种材料经独特工艺制造生产，在国内属于新产品，在国外已得到了普遍的应用。

8）玻璃涂料

　　玻璃涂料用于装饰性玻璃和玻璃制品表面，具有隔热、保暖、节能、环保、降噪等特性，色彩艳丽、光泽透明、附着力强、耐水耐热性好，如图4-50所示。玻璃涂料种类丰富多样，有喷绘玻璃涂料系列、自干型手绘玻璃涂料系列、彩晶玻璃涂料、聚晶玻璃涂料、冰花玻璃涂料、水珠涂料等。

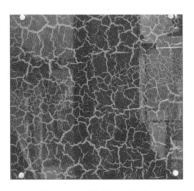

图4-49 聚晶石玻璃

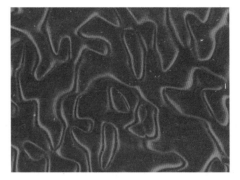

图4-50 玻璃涂料

（五）涂料

涂料是指有机高分子胶体混合物的液体或者粉末，涂于物体表面，能与物体表面黏结在一起，并能形成连续性涂膜，从而对物体起到装饰、保护、修饰作用，达到美观实用的效果，同时还能起到防毒、杀菌、绝缘、防水、防污的作用。

1.分类

（1）按使用部位不同分为外墙涂料、内墙涂料、顶棚涂料、地面涂料。

（2）按涂料状态不同，又可分为水融性涂料和溶剂型涂料。

（3）按使用功能不同，可分为防水漆、防火漆、防毒漆、防蚊漆及具有多种功能的多功能漆等。

（4）按表面效果来分，又可分为透明漆、半透明漆和不透明漆。

（5）按作用形态又可分为挥发性漆和不挥发性漆。

2.室内工程中常用的涂料

1）内墙漆

内墙漆主要可分为水溶性漆和乳胶漆。

（1）用水做溶剂或者做分散介质的涂料，都可称为水性涂料。水性涂料包括水溶性涂料、水稀释性涂料、水分散性涂料（乳胶涂料）3种。用水性液体配制的涂料不能称为乳胶涂料。如装修中使用的"106""107""803"内墙涂料，是使用最普遍的内墙涂料。这些涂料的缺点是不耐水、不耐碱，耐久性差，易泛黄变色，涂层受潮后容易剥落，但其价格便宜，施工也十分方便，属低档内墙涂料。

（2）乳胶漆，如图4-51所示，即是乳液性涂料，以水为稀释剂，是一种施工方便、安全、耐水洗、透气性好的漆种，基本上由水、颜料、乳液、填充剂和各种助剂组成，它可根据不同的配色方案调配出不同的色泽。好的乳胶涂料层具有良好的耐水、耐碱、耐洗刷性，无毒、小燃烧，涂层受潮后决不会剥落，属中高档涂料。虽然价格较贵，但其性能优良，所占据的市场份额

图4-51 乳胶漆

越来越大，现在市场常用的知名品牌有立邦、多乐士、来威、华润、嘉宝莉等，属于国家免检产品，比较安全。

2）真石漆

真石漆也称仿石涂料，如图4-52所示，是由高性能树脂乳液，配上各种天然彩砂和多种辅助剂制作而成的厚浆型质感类涂料，经过喷涂或抹涂形成类似天然石材装饰效果。它具有黏结力强、耐水、耐碱、耐候、耐污染、不褪色、不燃等突出的特点，能有效阻止恶劣环境对建筑物的侵蚀，延长建筑物的使用寿命。通过喷涂的不同方法，可做成花纹、环状花纹等装饰效果。弹性真石漆可以做成石材雕塑的效果，使饰面变化多样，质感丰富，其装饰效果酷似汉白玉、大理石、花岗岩等。真石漆具有天然石材的自然古朴的风格，是一种高品质的建筑涂料，如图4-53所示，广泛适用于工商业建筑、办公大楼、公寓、市政工程等内外墙面。

图4-52 真石漆（仿石涂料）

图4-53 墙面上的真石漆

特性及运用：

（1）永不褪色，采用天然碎石色彩，持久如新。

（2）能有效地阻止外界恶劣环境对建筑物的侵蚀，具有优异的户外耐候性，适合在寒冷地区使用，延长建筑物的寿命。

（3）外观华丽，庄重典雅，足以媲美石材，可以假乱真，展现天然石材的丰富质感。

（4）优良的抗拉伸性，耐磨、耐碰撞。

（5）施工简便，易清洁，易翻新，比石材更适合塑造各种艺术造型。

（6）视觉效果以假乱真，可以做外墙面、梁柱、室内的圆柱、罗马柱等。

3）质感艺术涂料

仿古艺术涂料能体现古色古香、典雅尊贵的色泽，纹络自然流畅。散发古典韵味的同时又不失现代气息，将欧式古典、新古典及中式等风格发挥得淋漓尽致。

梦幻艺术涂料由纯色颜料、铝粉颜料、云母配制而成。涂刷后，由于光线的多次反射会产生多彩的效果。而铝粉颜料在底色漆内会遮挡住大部分产生珍珠效果的色母，所以珍珠色彩不太明显。

箔类艺术涂料采用以黄金、白银、铜、铝为主要原料，经过化漆、捶打、切箔等10多道工序生产而成的优良箔，如图4-54、图4-55所示。纯金属箔类装饰材料成为豪华装修与尊贵生活必不可少的点缀，它特有的神秘以及无可替代的光泽效果受到越来越多人的喜爱与追捧。

图4-54　箔类艺术涂料

图4-55　运用在顶棚上的箔类艺术涂料

马来艺术漆是根据施工工艺命名的，如图4-56所示。产品原料采用非常细致的石灰粉末经熟化制成，状似灰泥，质地细致，并添加改性硅酸盐、干粉型聚合物、无机填料及各种助剂。它具有天然石材和瓷器的质感与透明感，表面保护层具有较强的耐湿性、耐污染性，有抗菌效果。

浮雕漆，是一种立体质感逼真的彩色墙面涂料。因装饰后墙面酷似浮雕的感官效果，所以称为浮雕漆，如图4-57所示。它以独特的立体仿真浮雕效果塑造强烈的艺术感，广泛用于室内外已经有适当底漆的砖墙、水泥浆面及各种基面装饰涂装。

图4-56　马来艺术漆

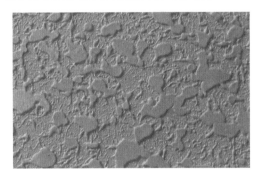

图4-57　浮雕漆

液体壁纸涂料也称壁纸漆，是集壁纸和乳胶漆优点于一身的环保水性涂料，如图4-58所示。它的图案设计繁多，有印花、滚花、夜光、梦幻、浮雕、钻石漆、光变漆等，风格各异，既克服了乳胶漆色彩单一、无层次感的缺陷，也避免了壁纸易变色、翘边、有接缝等缺点。液体壁纸涂料价格比壁纸便宜，施工方便，可广泛运用在家庭、宾馆、办公场所、娱乐场所，是一种新型材料，对施工技能要求较高。

弹性质感涂料表层具有较好弹性，除具有一般外墙涂料的性能以外，还有优异的耐候性、透气性，较好的断裂伸长率、柔韧性、防裂等特点，如图4-59所示。对基层的细小裂纹可形成一定的遮盖作用，增加了建筑物外墙装饰效果。弹性质感涂料有弹性拉毛漆、刮砂型、标准型等，具有丰富的可塑性及艺术性，在施工时选用各种不同的工具，配合刮、拖、压、滚等不同施工手法，可创造树皮纹、直纹、花纹等各种图形效果。

图4-58　液体壁纸涂料

图4-59　弹性质感涂料

夜光涂料是由夜光粉、有机树脂、有机溶剂、助剂等配制而成的，如图4-60所示。涂上夜光漆且成膜后，每吸光1 h可发光8～10 h，吸光和发光的过程可无限循环。夜光涂料在环保、节能、经济、安全等实际使用性能中凸现出良好的综合效应，常用在建筑装饰、公共场所的应急指示系统等方面，是受广大消费者喜爱的一种新型产品。

图4-60　夜光涂料

多彩水泥涂料是一种室内外装饰用涂料，专门用于已存在的未封闭处理的混凝土表面，对于新老混凝土表面的装饰是非常适合的，特点是漆膜丰富、华丽，耐擦洗、耐腐蚀、耐湿热、耐冲击、柔韧性好，常温固化，冬季可照常施工，可以用于地面，也可用于墙面，如图4-61所示。

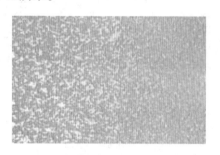

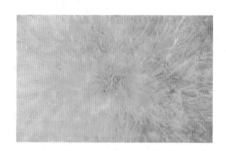

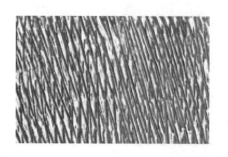

图4-61　多彩水泥涂料

续图4-61

4）地面涂料

按其主要成分可分为聚氨酯类、苯乙烯类、丙烯酸酯类、聚酯酸乙烯类、环氧树脂类等品种。

按涂料稀释剂方法可分为水性地面涂料、乳液型地面涂料、溶剂型地面涂料等。

地面涂料的特性如下：地面涂料具有耐水、耐压、抗老化、耐酸、耐腐蚀等性能，具有较好的耐磨性，且施工简便，适应水泥基层、钢铁基层、木质基层，工期短，更新方便，造价又非常低，其中环氧树脂类价格较高，总造价在每30元/m²左右，因此地面涂料常用于公共场所地面及工业厂房地面，同时也适用于家庭装修的阳台、厨房、卫生间地面装修或低档装修。然而，在国外家庭装饰中，地面涂料并非低档材料，他们利用不同颜色质感的地面涂料来塑造贴近自然、休闲自如的乡村风格。

（六）油漆

室内装饰漆分为木器漆及特殊效果漆。

1.木器漆

木器漆按照装饰效果可分为清水漆、混水漆和半混水漆三种。

（1）清水漆指的是在涂刷完毕后仍可以见到木材本身的纹路及颜色，这类产品适用于高级的木纹、地板、木门、窗、家具等装饰。涂刷完毕后的漆膜柔滑饱满，外观晶莹剔透，施工更简便、轻松。

（2）混水漆就是人们所说的色漆，即在涂刷以后会完全遮盖木材本身的颜色，只体现色漆本身的颜色。这类产品适用于夹板或密度板类门、窗、家居装饰。它们的漆膜柔韧饱满，有上千种颜色可供选择。

（3）半混水漆指的是在涂刷完毕后木材本身的纹理清晰可见并且还有着色的效果。这类产品适用于木纹清晰且木质比较疏松的木门、窗、家具等。

2.特殊效果漆

室内装饰漆的另一大类特殊效果漆指的是涂刷在特殊表面上的、涂刷在特定环境中的或者对装饰效果有特殊要求的油漆。

1）瓷漆

瓷漆与调和漆一样，也是一种色漆，是在清漆的基础上加入无机颜料制成的。漆膜光亮、平整、细腻、坚硬，外观类似陶瓷或搪瓷。瓷漆色彩丰富，附着力强。常用的品种有酚醛瓷漆和醇酸瓷漆，适用于涂饰室内外的木材、金属表面、家具及木装修等。

2）裂纹漆

裂纹漆是由硝化棉、颜料、体质颜料、有机溶剂、辅助剂等研磨调制而成的，可形成各种颜色，无须加固化剂，干燥速度快，如图4-62所示。由于裂纹漆粉性含量高，溶剂的挥发性大，因而它的收缩性大，柔韧性小，喷涂后能产生较高的拉扯强度，形成良好、均匀的裂纹图案，增强涂层表面的美观。

3）木纹漆

木纹漆又称美术漆，与有色底漆搭配，可逼真地模仿出各种效果，能与原木家具木纹媲美，可以制造出不同木材的木纹效果，能使刨花板、中纤板、树脂压模板、实木板等材料经过艺术的加工仿制成实木家具，也是个性设计中不可缺少的材料，如图4-63所示。

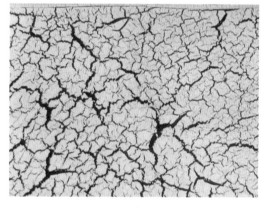

图4-62　裂纹漆

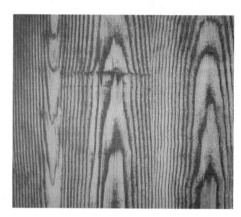

图4-63　木纹漆

4）皮纹漆

皮纹漆刷出的质感像天然的动物皮纹，具有仿真效果，可反馈底色，皮革感强，如图4-64所示。

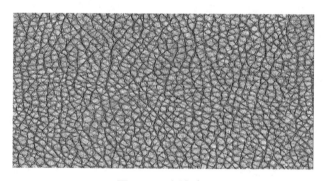

图4-64　皮纹漆

5）环氧玻璃清漆

环氧玻璃清漆是以树脂为成膜物的一种玻璃专用油漆产品，油漆成膜干燥后，硬度高，附着力非常优秀，柔软性极佳。主要适用于各种装饰玻璃表面的喷涂，如图4-65所示。

6）其他特色漆

其他特色漆有水纹漆、镜面银漆、橡胶漆、石斑漆、纳米漆等很多新品种。

（七）壁纸与墙布

壁纸、墙布属于室内内墙裱糊材料，品种、花色、样式繁多，也被人们经常使用在各种空间场所，它能起到吸音、防潮、防火等作用。目前，市场上知名的壁纸品牌生产的壁纸花色、性能、材质都是比较先进的，为装饰工程的实现提供了良好的素材。新品种的出现，也在逐步代替着传统壁纸的使用，如图4-66所示。

图4-65　环氧玻璃清漆

（a）

（b）

图4-66　壁纸、墙布在墙面上的运用

1. **按产品性能分类**

（1）防霉抗菌壁纸。可以防霉、抗菌，适合用于医院病房等卫生标准高的场所。

（2）防火阻燃壁纸。用防火材质（常用玻璃纤维）编制而成，具有难燃、阻燃的特性，常用于机场或公共建筑物防火等级要求高的场所。

（3）吸音壁纸。具有吸音能力，适合于各种歌舞厅、影剧院的墙面装饰。

（4）抗静电壁纸。有效防止静电，用在特殊需要防静电场所，例如实验室、微机室等。

（5）荧光壁纸。在印墨中加入荧光剂，在夜间会发光，能产生一种特别效果，夜晚熄灯后可持续45 min的荧光效果，常用于儿童房、娱乐空间。

2. **按照制造所使用的材料不同分类**

（1）纸面壁纸。直接在纸面上印花、压花，是使用最早的一种壁纸，其材质轻、薄，花色多，质感自然、舒适、亲切，但不耐擦洗、易破裂，其他壁纸的性能优于此种壁纸，故室内工程中基本不使用此种壁纸。

（2）胶面壁纸。壁纸表面为PVC材质，质感浑厚，可以仿制出各种纹理，如石纹、土砖的效果，具有耐水、防火、防毒等功能，重要的是耐刮磨，是目前市场上使用最广泛的一种产品。

（3）织物壁纸。也称壁布，注重材质表现，表面为麻、棉、毛、丝等天然纺织品类的材料，给人亲切的视觉柔和感，吸音、透气性能高，能够渲染出典雅、高贵的氛围。目前，织物壁纸主要材料逐步向无纺布发展，但壁布价格较高，多用于点缀空间。

（4）金属壁纸。将金、银、铜、锡、铝等金属，经特殊处理后，制成薄片装饰于壁纸表面，以金色、银色为主要色系，如图4-67、图4-68所示。其材质成本较高，故此种壁纸市场占有率小。

图4-67　金色壁纸　　　　　　　　图4-68　银色为主要色系的壁纸

（5）天然材质壁纸。使用自然界中的物质制造出来的壁纸。

①植物类壁纸：用树叶、草、竹等天然物质以编织的形式加工而成，具有自然风情，立体感比较强，无毒无味、透气性强，属于环保产品。适用在客厅或是开放式书房，更能显示浓厚的乡土气息及回归自然的感觉。

木皮割成薄片作为壁纸表材，因价格较高，使用很少。

②丝绸壁纸：丝绸壁纸选用自然环保材料，以精致而繁复的手工绘制为最基本的特点，有花鸟、山水、人物图案，具有保温、隔音的作用，如图4-69所示。丝绸壁纸的色调相对淡雅，有一种既宁静又有文化的味道，颜色以古朴色调为主，因此只适合较大面积的居室。

③植绒壁纸：是在厚纸上用高压静电植绒的方法制成的一种墙面裱糊材料，以绒毛为主要材料，属于高级装饰材料，给人一种富丽堂皇、华贵典雅的感觉，适合用于酒店、宾馆的高级客房、音乐厅，家庭卧室空间等，如图4-70所示。

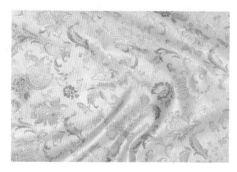

图4-69　丝绸壁纸　　　　　　　　图4-70　植绒壁纸

3.其他墙面装饰材料

（1）布艺软包。在建筑内部空间墙、柱等部位使用丝绒、呢料和锦缎等纺织物进行装饰，达到温暖舒适、古朴厚实、吸音隔音的效果。但软包的缺点也很多，柔软易变形、防火性能差、容易发霉变质、施工工艺水平要求高。在一些高档场所装饰工程中布艺软包装饰手法使用较广泛，如图4-71所示。

图4-71　布艺软包

（2）装饰贴纸。目前市场上出现了墙饰彩带装饰材料，它是一种贴纸，和壁纸材料不同，产品背后有胶带，可以贴在任何光滑的平面上，像瓷砖、木板墙、水泥墙、玻璃甚至壁纸上等，并可反复更新，起到点缀装饰的作用，常见品种有印花、素色带、珍珠带、彩带等，也可以自创图案，进行雕刻或者印刷，是一种物美价廉的新型装饰性材料，其灵活性与小巧性是其他材料不能比拟的。

4.知名品牌及规格

目前市场上的壁纸主要规格：欧美、国产壁纸以530 mm×10 m为主，日本壁纸基本上是920 mm×50 m为主。壁纸分为大卷、中卷、小卷三种，幅宽900～1 000 mm的壁纸，每卷长度为50 m。长度为10 m的壁纸是世界上最普通的规格，小卷壁纸使用灵活，裱糊方便。

壁布规格：1 000 mm×50 m、900 mm×50 m、700 mm×50 m等。

市场知名品牌：圣象、玉兰、欧雅、爱舍、布鲁斯、柔然、雅帝、摩曼、天丽、格莱美、蓝山、美国YORK壁纸等。

5.特性及运用

壁纸在质感、装饰效果和实用性方面有着其他材料没有的优势，它具耐磨性、抗污染性，便于保洁等特点。不同的花色、款式、风格的壁纸搭配往往可以营造出不同感觉的个性空间，目前家庭装饰装修的卧室、客厅、书房都在使用，随着人们环保意识和审美能力的加强，壁纸将会成为家庭装修的主选材料之一。

（八）金属

金属装饰材料是由一种金属元素构成或由多种金属元素构成或由金属元素与非金属

元素构成的装饰材料的总称。金属装饰材料在室内装修工程的应用中属于中高档材料，主要应用于墙面、柱面、吊顶、门窗及建筑细部，尤其在交接部位。金属在建筑装饰行业中一直占据重要的地位，因为它强度高、塑性好、材质密实、质感强、耐腐蚀、相对轻巧，还有良好的加工性能。

按照室内装饰部位，可以分为金属天花材料、金属墙面装饰材料、金属地面装饰材料。

按照材料形状，可以分为金属装饰板材、金属装饰型材、金属装饰管材。

按照材料性质，可以分为黑色金属装饰材料、有色金属装饰材料、复合金属装饰材料。

1.黑色金属装饰材料

（1）不锈钢。是指在钢中加入铬元素，形成钝化状态，从而具有不锈钢的特性。不锈钢又可分为不锈钢薄板、镜面不锈钢板、钛金镜面板、不锈钢型材、不锈钢管材、不锈钢异型材。不锈钢具有金属光泽和质感，尤其是不易锈蚀的特点促使不锈钢可以用于各种场合。在普通不锈钢装饰材料的基础上还可以做艺术的加工而形成彩色不锈钢装饰材料，加强其装饰性和实用性。

（2）彩色钢板。为了增强普通钢板的防腐性能，增加装饰效果，在钢板表层涂一层保护性的装饰彩膜而形成一种新的金属装饰材料。它的种类有彩色压型钢板、彩色涂层钢板、彩色扣板等。

2.有色金属装饰材料

除了黑色金属外的金属所制作而成的装饰材料都称为有色金属装饰材料。有色金属装饰材料常见的有铜及铜合金装饰材料、铝及铝合金装饰材料。

（1）铜及铜合金装饰材料。铜及铜合金又分为紫铜（纯铜）、黄铜、青铜。铜及铜合金装饰材料具有耐腐蚀、经久耐用、易回收、良好的加工性、美丽的色彩和光泽等优点，散发出高雅富贵的气息，一般用于高档的室内装饰工程中。

（2）铝及铝合金装饰材料。铝属于轻金属，具有很好的延展性、可塑性、易加工，但是强度低、硬度低。所以，常常进行冷加工或者加入合金元素使之强化成为铝合金。

这类装饰材料在室内装饰工程中运用非常广泛，主要有以下几类：铝合金门窗、铝单板、铝塑板、铝合金花纹板、铝合金波纹板、铝合金穿孔板、铝合金扣板、铝合金格板、铝合金方板、铝合金挂片等。

3.复合金属装饰材料

随着建筑装饰行业的大发展，单一金属装饰材料已不能满足市场多元化的需求，各种新型的复合金属装饰材料应运而生，常见的主要有金属板、金属网、金属布、金属帘、金属马赛克等。

（九）石膏

石膏是一种气硬性胶凝材料，能在空气中凝结硬化。这里所说的石膏装饰材料指的是用于室内装饰工程的石膏制品。石膏装饰材料主要有以下特征：凝结硬化快、强度较低、孔隙率大、保温吸音性能较好、耐水性差、抗冻性差、防火、装饰性好、施工简便等，是室内装饰工程中常用的材料。

石膏装饰材料可分为石膏板材类和艺术石膏制品。

1. 石膏板材类

（1）装饰石膏板。这种板材一般呈平面形，带有浮雕图案，或者带有小孔洞等装饰图案。

装饰石膏板表面洁白、花纹丰富、有立体感、质地细腻，可以营造出清新的环境氛围。其主要用于室内顶棚装饰。如图4-72所示为穿孔石膏板。

（2）纸面石膏板。这是在建筑石膏中加入适量的纤维和添加剂后浇筑在两层护面纸之间，再辊压、凝固、切割、干燥而成。纸面石膏板是一种质量轻、强度高、耐火、隔音、隔热、便于加工的轻质装饰材料，多用于墙面和顶棚装饰工程中。如图4-73所示为防水纸面石膏板。

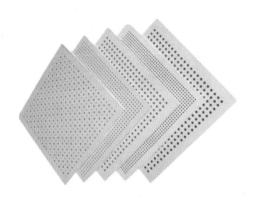

图4-72　穿孔石膏板

图4-73　防水纸面石膏板

在装饰石膏板和纸面石膏板的基础板材上，通过开孔和粘贴吸音材料可以制作成吸音用穿孔石膏板；还可以通过添加不同的添加剂和运用不同性质的护面纸制作成耐火纸面石膏板和耐水纸面石膏板等。

2. 艺术石膏制品

艺术石膏制品在现代室内装饰工程中同样被广泛应用，包括石膏线条、石膏壁画、石膏艺术顶棚、石膏艺术廊柱、石膏砌块等。

（十）织物

现代室内装饰中，软质装饰材料的应用范围越来越广，主要包括地毯、墙布、窗帘、台布、沙发及靠垫等。这类材料的质地柔软、富有弹性、色彩丰富、图案多样，不同的选择能营造出不同的环境氛围，能体现设计师或者使用者本身的喜好和品位，因此合理选择能直接提升室内装饰的质量和档次，既能使室内呈现豪华气氛，又给人以柔软舒适的感觉。此外，还具有保温、隔音、防潮、防蛀、便于更换、易清洗和烫熨等特点，这也增加了它的适选性。

按照使用的部位不同，织物可以分为地面装饰织物、墙面装饰织物、门窗装饰织物、家具装饰织物和床上织物等。

（1）地面装饰织物。其主要有软质铺地材料——地毯。地毯具有吸音、保湿、行走舒适和装饰作用。根据不同的质量，可以分为纯毛地毯、化纤地毯、混纺地毯、针刺地毯、编结地毯等。

（2）墙面装饰织物。墙布具有吸音、隔热、调节室内温度与改善环境的作用。主要有织物壁纸、玻璃纤维印花墙布、棉纺装饰墙布、化纤装饰墙布、绸缎、丝绒、呢料装饰墙布等。

（3）门窗装饰织物。它主要指挂置于门、窗、墙面等部位的织物，具有隔音、遮蔽、美化环境等作用。主要形式有悬挂式、百叶式两种，包括成品窗帘、布艺窗帘、窗纱等。

（4）家具装饰织物。这是覆盖于家具上的织物，具有保护和装饰双重作用。主要有沙发布、沙发套、椅垫、椅套、台布、台毯等。

（5）床上织物是家用装饰织物最主要的类别，具有舒适、保暖、协调并美化室内环境的作用，如图4-74所示。床上织物用品包括床垫套、床单、床罩、被子、被套、枕套、毛毯等织物。

图4-74　床上织物

（十一）塑料

塑料是以人造的或天然的树脂为主要基料，再按一定比例加入天然树脂、橡胶、沥青、添加剂、固化剂、着色剂及其他助剂等加工而成的有机合成材料。这是一种广泛应用的装饰材料，具有装饰性好、质量轻、导热率小、经济性好、易加工等优点，但其缺点是易老化、易燃、刚度小。常见的塑料室内装饰材料有以下几种：

（1）PVC板。即聚氯乙烯装饰板，分为硬质PVC板和软质PVC板两种，其中硬质PVC板由于具有表面光滑、色泽鲜艳、强度高、耐老化、易加工、易施工等优点，被广泛应用。

（2）PC板。即玻璃卡普隆板，有实心板、中空板、波纹板3大类，具有质量轻、透光性好、安全、耐撞、易弯曲、阻燃等优点，主要用作采光材料。

（3）耐火板。即塑料贴面板，这是一种用于贴面的硬质薄板，具有表面硬度高、耐磨、耐高温、耐撞击、耐寒、耐腐蚀、耐污、耐水等特性，而且色彩选择范围大，有较好的装饰效果，是一种应用广泛的中高档饰面材料。

（4）玻璃钢装饰板。即玻璃纤维增强塑料，具有质轻、强度高、耐腐蚀的特性。

（5）有机玻璃板。它透光性较好、耐热、耐寒、耐腐蚀、绝缘好、易于加工。

（6）仿古装饰线条。它主要是PVC钙塑线条，优点是质轻、防霉、防蛀、防腐、防燃、安装便捷、经济等，同时花色多样，图案造型也可多变。

（7）各种塑料装饰墙纸。这种材料可选品种多、花色多、容易清洗、寿命长、施工方便，因此应用非常广泛，还可以根据特殊要求制作出具有特殊功能的塑料墙纸。

此外，还有很多塑料装饰材料，尤其适应当今环保、绿色的潮流，很多新型环保材料被积极地开发出来，如千思板等。

市政工程、建筑工程、装饰工程中用的塑料管道更是多种多样，如PVC-U管道、PVC-C管材、PP-R管材、PB管、PVC电工套管等。

（十二）装饰饰面板材

1.防火板

防火板又称耐火板，原名为热固性树脂浸渍纸高压装饰层积板，它是将牛皮纸压浸在树脂中，经过高温高压处理后制成的室内装饰表面材料，是一种表面装饰用耐火材料，但它不是真的不怕火，只是具有一定的耐火性能，如图4-75所示。其耐磨、耐划、耐擦洗、耐酸碱、耐腐蚀性能高，同时具有丰富的表面色彩、花纹，以及特殊的韧性及方便加工性能。防火板表面硬、不易被污染、不易褪色、容易保养及不产生静电等，但防火板的缺点是易脆、不能弯折、无法做造型。常用规格有915 mm×2 440 mm、1 220 mm×2 440 mm，厚度在0.6～1.2 mm。防火板价格便宜，一般用于台面、桌面、墙面、橱柜、办公家具、吊柜等处的表面装饰。

2.铝塑板

铝塑板是铝塑复合板的简称，是由内外两面铝合金板、低密度聚乙烯芯层与黏合剂复合为一体的轻型墙面装饰材料，如图4-76所示，外表豪华美观、艳丽多彩，耐蚀、耐冲击、防火、防潮、隔热、隔音、抗震等性能很好。铝塑板分为单面、双面两种，产品常用规格为1 220 mm×2 440 mm、1 250 mm×3 050 mm，室外使用厚度最薄应为4 mm，室内使用厚度应为3 mm。铝塑板有质轻、易加工成型，易搬运安装，可快速施工的诸多优势，被广泛应用于天花板、柱、柜台、家具、墙面造型，店面、建筑外立面等表面的装饰。

图4-75　防火板

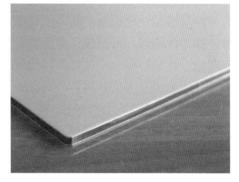

图4-76　铝塑板

3.装饰板

装饰板也叫贴面板，是装饰单板贴面胶合板的俗称，如图4-77所示。这种材料属胶合板系列，是以胶合板为基础，表面贴各种木材的自然纹理和色泽。为了保护有限资源，如今用科技木代替天然名贵木皮生产贴面板的越来越多，科技木产品是应用计算机三维模拟技术、测色与配色技术、木材雕色技术，热轧成型的具艺术效果的高档木质装饰材料，可产生天然木材不具备的颜色及纹理，色彩丰富，纹理多样，立体感更强，既防腐、防蛀、耐潮，又易于加工。科技木没有虫蛀、节疤、色变等天然木材固有的自然缺陷，是一种几乎没有任何缺憾的装饰材料，既节能又保护环境资源，广泛应用于家具、装饰、地板、饰面板、门窗、音箱、体育用材、木艺雕刻、工艺品等的表面装饰。

（a）

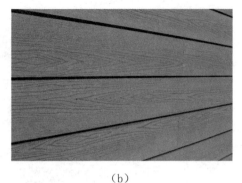
（b）

图4-77 装饰板（贴面板）

4. 炭化木板

炭化木板也叫热处理木、肌理木纹装饰板，如图4-78所示，是木材经干燥后再通过高温处理的木材，炭化木仍具有木材独特的天然特性，热处理后木材的耐腐性、抗压强度、硬度有所提高，色泽持久，木纹凸起的艺术浮雕效果好，不含甲醛，防虫、防潮、无辐射物、绿色环保，不仅可以作为家具、门窗、地板、壁板和室内装饰材料，也可以作为田园桌椅、围栏、古建筑等室外用材。

5. 亚克力板

亚克力板是丙烯酸和甲基丙烯酸类化学物品的总称，是塑料中最好及最容易加工的热可塑性材料，也称透明的有机玻璃、有机板，如图4-79所示。亚克力板具有高透明度，有"塑胶水晶"之美誉。其表面光泽亮丽，有水晶和玻璃的质感，保温性能高，耐候性好，加工性能好，可制成各种所需要的形状与色彩的产品。亚克力板使用广泛，包括汽车制造、建筑门窗、广告灯箱、标牌、有机工艺品、装饰品、家具、文具、灯具、淋浴用具、厨房用具等，其同类产品在室内装饰方面运用非常广泛，如亚克力涂料、亚克力人造大理石、亚克力水晶板、亚克力地板等，一系列新产品赋予室内装饰许多功能及艺术性，给装饰行业带来新生命。常见的产品规格有1 250 mm × 2 450 mm、1 500 mm × 2 000 mm、1 000 mm × 1 500 mm、600 mm × 2 100 mm、2 000 mm × 3 000 mm、2 100 mm × 3 100 mm等，常见厚度为1 ~ 8 mm，特殊的尺寸和造型还可以定做。

图4-78 炭化木板

图4-79 亚克力板

6.波纹板

波纹板又称波浪板，如图4-80所示，用进口中纤板经电脑雕刻并采用高超的喷涂、烤漆工艺精工制造而成，板材表面不用刷油漆、防水、防潮性强，防火阻燃，结构均匀、尺寸稳定、无变形，有像水波纹流动的立体感，常见纹理有沙漠纹、直纹、彩云纹、金钱纹、回字纹、万寿纹、冲浪纹、斜波纹、瓦槽纹、石头纹、树纹、雪花纹等多种造型，施工简单，使用强力胶粘贴或聚氨酯发泡胶点式粘贴即可。此外，还有石膏波纹板、铝合金波纹板、PVC波纹板、陶瓷波纹板、玻璃纤维波纹板等，广泛用于各种装修工程之中，室内常用的波纹板主要是在外表造型装饰，室外主要应用在建筑墙面和屋面的装饰。

7.桑拿板

桑拿板也称节疤板，如图4-81所示，是一种实木板材，以经过去油处理的松木为主，经过防水、防腐等特殊处理保持了天然木材的优良性能，不怕水泡，不易发霉、腐烂，因为经常用在桑拿房的四壁，所以俗称"桑拿板"。现在适用范围不限定在卫生间，可以用在任何想用的地方，可装饰阳台地面、书房、背景墙等处，易于安装、拆卸，方便清洗。

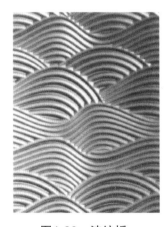

图4-80 波纹板

图4-81 桑拿板在室内的运用

三、装饰材料新产品

（一）天荷板

天荷板由硅酸盐、石英砂、氧化钙、天然纤维以及填料经过复杂的工艺和化学反应而制成。具有防火、防水、防潮性能，质量轻、强度高、韧性好，易于搬运和安装，主要用于医院等净化场所。也可以用在墙面、吊顶，效果是非常好的天荷板不含石棉和苯等有害物质，不含放射性物质，属于绿色环保材料。

（二）柔性天花

柔性天花使用PVC纳米材料做成，具有防火、节能、防水、防潮、绝缘等性能，色彩丰富，有亚光面、光面、绒面、金属面、透光面等多个品种。其装饰造型是根据龙骨的形状来确定外观的形状，设计具创造性，设计选择的空间也比较大，且安装方便，如图4-82所示，适合各种建筑结构，是理想的可回收的隔音装饰材料，符合环保要求。

（a）　　　　　　　　　　　　　　　　　（b）

图4-82　柔性天花

（三）PC幻彩膜

PC幻彩膜是在薄膜中加入无数个细微的类似透镜的反光材料，透过光学作用产生绚丽的立体感，能够表现华丽及幻想气氛的新概念薄膜，如图4-83所示。产品样式丰富，易裁剪，黏结性好，便于施工，是一种新型的墙面装饰材料。主要用于KTV、酒吧等娱乐场所的装修，能渲染出华丽喧闹的气氛，装饰后立体效果好，体现出灯红酒绿的独特效果。

图4-83　PC幻彩膜

（四）玻纤天花装饰吸音板

玻纤天花装饰吸音板是以玻璃纤维棉板为基材，选择不同的表面喷漆、玻纤薄衬和玻纤内置的方法加工形成的吊顶装饰材料，是最好的吸音材料之一。防火性能好，抗潮性能高，安全性能高，适合使用在游泳馆及湿度较高的场所。

（五）水泥木丝板

水泥木丝板是木材纤维与水泥和无毒性化学添加物高压制成的高质量多用途建材，如图4-84所示。不含甲醛，结合水泥与木材的优点，可防火、防潮、防霉，具有良好的吸

图4-84　水泥木丝板

音、隔音效果，可抗天气、冰冻变化，易于施工，可以用在室内装饰墙面、地板、内墙与天花板、隔音墙、家具、吸音间等处。

（六）硅藻泥

硅藻泥的主要部分为蛋白石，其主要原料是海底或者湖底沉积的硅藻土，富含多种有益矿物质，产品呈干粉状，施工时无须添加任何有机溶剂或化工胶类成分，只需要按照一定比例加入清水搅拌均匀，呈灰膏状，即可直接用于施工。操作方便，适用于一般的墙体基础材料，如纸面石膏板、混凝土抹灰、细木工板等，并可以营造多种肌理效果，质感生动真实，具有很强的艺术感染力，能为墙面提供别具一格的装饰效果。如图4-85为硅藻泥的常见纹理，如图4-86为硅藻泥在室内的运用。

图4-85　硅藻泥的常见纹理　　　　图4-86　硅藻泥在室内的运用

其特性与运用：

（1）硅藻泥是调节湿度、净化空气为主的功能性饰面材料，随不同季节，自动调节空气湿度。

（2）具有独特质感，花纹颜色丰富，表现力丰富。

（3）具有防火阻燃、隔音减噪、抗菌除臭等功能。

（4）防水并且耐擦洗，优于普通涂料的清洁能力。

（5）此种绿色环保新型材料适用于住宅、酒店、娱乐场所、商场、别墅等建筑物的内墙装饰工程，给人独特清新的视觉感受。

四、室内装饰材料的运用案例

（一）石材

石材种类繁多，颜色也千变万化，有着极具艺术性的纹彩，不同的石材可以体现不同的空间质感，用石材作为铺设材料是最容易展现和提升装饰品位和效果的，所以越来越多的消费者青睐石材这一材质。不同的装饰界面适合不同的方式，由于石材本身较重，因此很少用在顶面装饰中。所以，在室内装饰上，主要用于地面、墙面和柱面等。

在地面铺贴中，想让空间有一种纵深感，就应该将石材纹理顺着地面长度方向铺设；反之，横向铺贴就会起到扩展空间的效果；不同的纹理采用不同的方式铺贴，给人带来不同的视觉感受，如图4-87所示。

在墙面中，直线型纹理的石材做水平延伸，让人感觉平稳，并且降低空间高度；若将纹理呈一定角度倾斜，则会赋予空间灵动性，如图4-88所示。

图4-87　地面上使用石材的案例

图4-88　墙面上使用石材的案例

由于卫浴空间处于一个潮湿的环境中，对于材料的防水和防潮性能要求极高，石材防水防潮的性能无疑成了客户的首选，不仅满足了防水防潮要求，装饰效果也极佳，很大程度上美化了空间。石材的性能较软、价格也偏高，但是纹样颜色装饰起来雍容华贵，凸显卫浴空间的高贵品质，如图4-89所示。

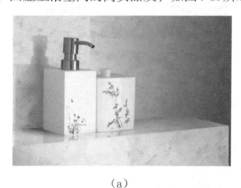

（a）　　　　　　　　　　　　　（b）

图4-89　卫生间使用石材的案例

（二）木材

如图4-90所示，餐厅的设计在色彩的选择上以复古为主，展示乡村气息。蜡烛台式的吊灯、暗纹的墙纸和朴实的木地板，装饰不多却整体统一，营造出绝佳的复古风情。

图4-90　木材在餐厅里的运用

如图4-91所示，清新的原木色地板散发一股清新自然的气息，创造一个完美的空间格局。

如图4-92所示，木质地板的自然贴合，搭配古韵悠扬的软装修饰，别有一番情趣。没有浓重的色彩，也没有精致的装潢，却照样出彩。

图4-91 木材在客厅里的运用　　　　图4-92 木材在卧室里的运用

（三）陶瓷

如图4-93所示，瓷砖是客厅地面的御用之选。客厅地面更适宜铺瓷砖，若担心材质感觉比较冷，可选择暖色调的瓷砖。米黄色的瓷砖片片不同，层次丰富，立体感强，最终成一整体，能够让整个空间更显宽阔。

图4-93 瓷砖在客厅里的运用

如图4-94所示，地板"爬"上客厅背景墙。客厅"似木非木"的效果是不是很让人惊喜，不仅地面用了仿木纹瓷砖铺贴，最特别的是这种纹理还"爬"上了电视背景墙，凹凸立体的木质纹理回归自然，让人感觉沐浴在原木的生活中。

如图4-95所示，瓷砖不怕潮湿、酸碱，我们经常可以在厨房看到。这不仅是考虑到瓷砖耐脏、好清洁且不怕水的特性，更因为瓷砖是厨房空间设计的有力手段。

（四）玻璃

如图4-96所示，晶莹剔透的艺术玻璃没有金属材质的冰冷，又无传统装饰的厚重，透亮玲珑、轻盈活泼，在钢筋水泥的城市中，在家居生活的港湾里，营造出一道道心灵相通的别致景色，成为年轻一族追求的潮流新宠。艺术玻璃正以它无与伦比的通透之感，美轮美奂的装饰效果日渐成为室内饰材发展的新选择。

图4-94　瓷砖在客厅墙面及地面的运用

（a）　　　　　　　　　　　　　　　　　　（b）

图4-95　瓷砖在厨房的运用

图4-96　玻璃在天棚上的运用

如图4-97所示，玻璃或灯箱吊顶要使用安全玻璃。用色彩丰富的彩花玻璃、磨砂玻璃做吊顶很有特色，在家居装饰中应用也越来越多，但是如果用料不妥，就容易发生安全事故。为了使用安全，在吊顶和其他易被撞击的部位应使用安全玻璃，目前，我国规定钢化玻璃和夹胶玻璃为安全玻璃。

图4-97　玻璃在餐厅天棚上的运用

　　家装中，隔断、屏风、电视背景墙、玄关、淋浴房等使用玻璃材质较多。这些地方使用玻璃材质，不仅能够增加透光性，而且能够有效地防腐蚀。对于作为分隔空间使用的玻璃隔断，不仅能分隔空间，并且由于其透光性还能增大视觉空间。对于卫生间这样的私密空间，应多使用压花玻璃，增强其不透光性，如图4-98所示。

图4-98　压花玻璃在卫生间里的运用

（五）涂料

　　想要活化空间，重点在于消除视觉上的乏味感，让空间整体感显得顺畅平整，可使用单墙涂刷彩色涂料法。在房间的一面主墙面刷上与其他墙面不同的色彩，立即创造出一个视觉焦点，如图4-99所示。

　　夜光装饰涂料经过一般可见光照射10～20 min后，可在黑暗中持续发光12个小时左右，将有限的单调平面扩展为奇特发光的梦幻般多维空间。装饰效果流光溢彩、错落有致、图案逼真、层次分明、细腻、无接缝、不起皮、不开裂，底色和面色可以自由搭配，人物、山水、花朵、卡通等图案可任意选择，还可以个性定制，并可无限次循环使用，使用寿命长久，无毒无害、不含放射性元素，是新一代环保型夜光装饰涂料，适用于高档娱乐场所，如图4-100所示。

（a） （b）

图4-99 涂料在墙面上的运用

（六）墙纸与墙布

如图4-101所示，墙面以淡黄色为主色调，精美富丽的花儿点缀，一种皇室气息扑面而来，再配上颜色相近的窗帘，整个空间非常的协调，女性一定会喜欢这样的装饰。

图4-100 夜光装饰涂料 图4-101 墙纸在室内的运用

如图4-102所示，以灰色作为整个墙布的底纹，非常的素雅，有内涵。再配上朵朵花儿，整个壁纸显得亮丽起来，适合于现代风格的家庭。

如图4-103所示，墙面采用非常古典的暗红色作为底纹，显得高贵、典雅，不规则的图案与之交相辉映，适合于古典欧式风格的家庭。

图4-102 墙布在室内的运用（一） 图4-103 墙纸在室内的运用（二）

（七）织物

地毯能从视觉上和心理上划分空间，从而形成一定的领域感。用帐幔、帘帐、织物屏风划分养生会所空间，是中国传统养生会所设计中常用的手法，具有很大的灵活性和可控性，能提高空间的利用率和使用质量。在现代的养生会所设计中，SPA养生会所设计公司同样重视利用织物来划分空间，如图4-104所示。

（a）

（b）

图4-104　织物在养生会所中的运用

任务二　室内陈设

室内陈设是室内设计的一项十分重要的内容。因为室内各种器物的布置不仅直接影响着生活和生产，还与组织空间、创造美观宜人的环境有关系。因此，室内陈设必须在满足生活、工作、学习、休息等要求的同时，符合形式美、地域文化、民族特征等，形成一定的气氛和意境，给人的身心以美的享受。

一、室内陈设概述

陈设意为陈列、摆设，可以理解为对物品的陈列、摆设；陈设还有名词的词性，意为陈设品、装饰品，也可以理解为对物品的陈列、摆设、布置、装饰。陈设艺术设计（简称为陈设设计）是把各种艺术形式和艺术品进行整合，创造出另一件艺术品——室内环境，在我国关于"陈设艺术"人们认可的解释是：在室内设计的过程中，设计者根据环境特点、功能需求、审美要求、使用者的要求、工艺特点等要素，精心设计出高舒适度、高艺术境界、高品位的理想环境。

二、室内陈设的作用

陈设设计是室内环境中重要的部分，同时也是最具亲和力的部分。很难想象生活中没有了陈设品会是什么情形。史前的洞穴画、埃及墓穴中的壁画、庞贝古城的墙画以及文艺复兴时期伟大的壁画，都表明了人们一直致力于美化室内环境，艺术品一直都是室内环境的重要元素。随着时代的发展和各种工业技术在艺术生产领域的应用，各种形式和工艺的艺术品为设计师提供了更多选择，给人们带来美好的视觉盛宴。空间的功能和表现形式也依靠陈设品来体现。陈设设计更注重精神的表达，对于烘托室内的气氛、格调、品位、意境等起到很大的作用。

（一）室内陈设具有塑造深化空间风格的作用

1.展现民族、地域特征

室内环境所处地点不同、人文环境不同、民族宗教信仰不同、地域风俗不同，这些因素都会在室内陈设品上表现出来，如图4-105所示。

图4-105　展现民族特征、地域特征的陈设品

2.塑造室内风格

陈设品的选择对于室内设计风格的表现尤为重要，因为陈设品本身的造型、色彩、图案及质感等都带有一定的风格特点，因此陈设品的合理选择会加强室内风格的塑造。

3.反映个人爱好及审美情趣

陈设品的选择与布置是人们表现自我的手段之一，能反映出一个人的兴趣爱好及职业特点、修养、品位等。陈设品本身拥有自己的特征，具有一定的精神内涵，从侧面反映主人的精神世界，如图4-106所示。

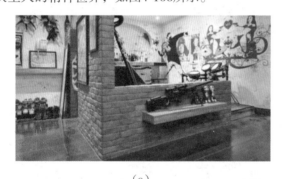 

（a）　　　　　　　　　　　　　　　（b）

图4-106　反映自己爱好及审美情趣的陈设品

（二）室内陈设具有改变环境效果的作用

1.烘托环境气氛

不同的陈设品可以烘托不同的环境气氛，如高雅的艺术气氛、喜庆的节日气氛、休闲轻松的随和气氛、深沉严肃的庄严气氛都可以通过运用不同的陈设品来营造和烘托出来。如图4-107所示，通过家具、台灯和装饰物品营造了唯美的古典起居空间气氛。

图4-107 古典氛围的起居空间

2. 柔化空间效果

空间各个界面之间的结构件看起来比较生硬，这就需要在空间界面之间加强装饰的过渡效果，使界面之间的转换更为柔和。如图4-108所示的空间界面的线条比较硬朗，但是灯具下的隐藏灯带和窗帘的配合，使空间效果看起来比较柔和。

图4-108 柔化空间效果室内陈设

3. 调节环境色彩

室内环境色彩可分为背景色彩、主题色彩、点缀色彩3个主要部分。室内环境色彩是室内环境设计的灵魂，对室内的舒适度、环境气氛、使用效率，以及人的心理和生理均能产生很大影响。

人们从赏心悦目的色彩中产生美的遐想，化景为情，大大超越了室内的局限，如图4-109所示。人们在观察室内空间色彩时会自然地把眼光放在占大面积色彩的陈设品上，这是由室内环境色彩决定的。

图4-109 调节室内环境的色彩

三、室内陈设的内容

（一）室内空间总体艺术构思

陈设设计是室内设计的延续，是更加精细的设计，在设计时应首先在室内设计的基础上进行设计思维的延续，总体的艺术风格、空间氛围、视觉效果要在大脑中形成大感觉，哪里应该重点设计，哪里应该平铺直叙，要做到心中有数。艺术构思虽然不在图面上表现，但却指导后续工作的进行，相当于纲领性文件。

（二）室内主体及背景的设计

室内主体设计包括各个界面之间的设计以及重点艺术陈设区域的背景设计和整体的背景设计，它决定了整个空间的艺术基调。室内环境的主体和背景根据设计风格和空间结构可以浓妆艳抹，也可以清新淡雅，如图4-110所示。

（a）　　　　　　　　　　　　　　　　（b）

图4-110　室内主体及背景设计

（三）室内家具、灯具、织物及生活用品的摆放、展示与布置

1.家具

家具作为空间陈设具有举足轻重的作用，家具是界定空间特征的重要物品，除了有坐、卧、储藏等功能，还具有艺术审美的精神作用。家具针对不同的空间和摆放形式具有不同的作用。

（1）组织空间的作用。空间影响着工作和行为，仅仅通过家具的围合方法就可塑造不同的空间关系。对沙发的组合形式进行分析，把沙发组成U形时，可形成会谈模式，但是这种模式带有一定的松散性；把沙发摆成面对面的模式，随着沙发距离的远近，人们交流的强制性就会由松散变得紧密。

（2）分隔空间的作用。在建筑空间中，空间的划分并不一定都用隔墙进行，我们可以使用便于移动的家具进行空间的划分，如图4-111所示。

（3）填充空间的作用。空间可以通过装饰性家具的摆放，形成视觉景观，使这一环境更加丰富。

（4）间接扩大空间作用。在空间较紧凑的地方，可以利用家具的多用途特性间接地扩大空间；同时可以改变家具的摆放形式，扩大空间。

图4-111 分隔空间的家具

（5）反映民族文化和地域风格的作用。由于家具具有极强的民族烙印和地域特点，塑造空间整体的风格特征时，就可以利用这样的因素，使观者得到共鸣，如图4-112所示。

（a）

（b）

图4-112 反映民族文化和地域风格的家具

2.灯具

灯具分为吊灯、吸顶灯、壁灯、台灯、地灯，主要灯具在室内装修阶段就已经选好并安装，但是台灯、地灯等可以更换和移动的灯具则是在陈设阶段完成的，这些灯具的选择可以起到加强空间艺术气氛、强化装饰风格的作用，因此在选择时要考虑室内的风格、主要灯具的造型、色彩等方面因素，如图4-113所示。

（a）

（b）

图4-113 灯具在陈设中的装饰作用

3.织物

室内装饰物有窗帘帷幔、门帘门遮、床单床罩、沙发蒙面、靠垫、台布桌布以及墙上的装饰壁挂等，它们除具有实用功能外，在室内还能起到一定的装饰作用。织物是影响室内陈设效果的另一大要素，织物的颜色和款式往往决定室内陈设风格和色彩的主调。室内纺织品在客观上存在着主次的关系。通常占主导地位的窗帘、床罩、沙发布，决定了室内纺织品配套总的装饰格调；其次是地毯、墙布；最后是桌布、靠垫、壁挂等，在室内环境中起呼应、点缀和衬托的作用。正确处理好它们之间的关系，是室内陈设主次分明、宾主呼应的重要手段。在实用性方面还具有划分空间、防尘、遮光的作用。我们还可以利用帷幔将大空间划分出宜人的小空间，形成私密性强的封闭空间。透明和半透明的织物既划分了空间又增加了通透感，塑造出隔而不断的感觉。

4.生活用品

生活用品是指生活中日常使用的物品，这些物品可以说是室内随处可见的，物品的选择和摆放最重要的是在于使用的便利和整体的协调。生活的必需品，包括茶具、餐具、咖啡壶、杯、食品盒、花瓶、竹藤编织的篮子等，根据风格的不同这些物品的选择也不同，选择款式时需要仔细斟酌。生活用品的材质广泛，包括玻璃、陶瓷、塑料、木材、金属（金、银、铜、不锈钢）等。这需要考虑到各类物品与光的关系，以及器皿之间的组合方式，如图4-114所示。

（a）　　　　　　　　　　　　　　　　（b）

图4-114　生活用品装饰作用

（四）艺术品的选择、展示

陈设艺术品包括绘画作品、书法、雕塑、摄影作品等。工艺品包括木雕、玉石雕、象牙雕、贝雕、彩雕、景泰蓝、唐三彩等。中国传统民间工艺品的摆放可以陶冶情操，提高室内的文化氛围和品位。格调高雅、造型优美、具有一定文化内涵的陈设艺术品可陶冶情操，如图4-115所示，这时陈设品已经超越其本身的美学界限而赋予室内空间以精神价值，营造出一种文化气氛，提高了人们的艺术鉴赏能力，增加了生活的情趣。

图4-115 室内陈设艺术品

（五）书籍杂志

在室内空间中，书籍可体现出主人的阅读品位，是很好的展示陈设品。

（六）纪念品和收藏品

纪念品和收藏品都会增加空间的文化内涵，同时还可以间接地了解空间主人的情感历程、生活经历和兴趣爱好。纪念品、收藏品的摆放形式主要有：藏，在室内空间中利用展示柜集中陈列展示，展示柜摆放在人员流动较大的地方，形成极强的作用，众多的收藏品、纪念品能成为空间中亮丽的风景，成为视觉的中心；挂，有些纪念品是大型的悬垂物品，只能挂在墙上，以墙为背景，衬托出物品的精美，但这类陈设方式不宜太多，需要精挑细选，是陈设的重要表达方法；摆，有些大件的物品不易储藏，只能摆放出来，多半放置在台面以上、人的视线以下的区域，这类物品的体量感强，具有雕塑的味道，如图4-116所示。

图4-116 纪念品、收藏品的室内布置

四、室内陈设的分类

（一）功能分类

按照功能，室内陈设可分为两类：满足使用功能的物品陈设；满足室内美学艺术及精神需求的艺术品及收藏品陈设。

（二）陈设方式分类

按照陈设方式，室内陈设可分为地面陈设、墙面陈设、台面陈设、橱柜陈设、空中悬垂等。

五、室内陈设的展示方法

（一）悬挂法

悬挂法是陈设设计中比较常用的摆设方法，通常以绘画、装饰画、工艺品、木刻、浮雕、编织品等为主要陈设对象，实际上，凡是可以悬挂在墙壁上的纪念品、收藏品和优美的器物等均可采用。选择主题与室内风格一致的艺术作品根据空间的需要确定位置。这时应注意画面面积与整个墙面的协调性及色彩搭配。画面的中心要与观者的视平线齐平，或高10～15 cm。物品下缘应为坐或行走的高度，主要看画面的大小来定。当单独作品悬挂时注意墙面的露白均衡即可；2幅画可考虑居中对称布局；3幅画则需要以1幅为中，2幅画面对称即可，也可跌级悬挂；超过3幅以上便需要考虑画面的平衡和排列组合关系，如图4-117所示。

图4-117　悬挂法展示陈设品

（二）摆放法

摆放法是借助墙面背景，在该位置摆放物品，根据摆放地点的不同可以分为地面摆放、台面摆放和橱柜摆放。

（1）地面摆放。首要因素是考虑如何组织空间路线，满足空间的功能要求。地面摆放通常是用家具来组织人流路线，大件的雕塑或植物会起到引导人流的作用，或是通过雕塑塑造视觉中心，使人短暂停留，给人以心理暗示。电器等物品随着设计与科技的结合，功能性和审美性兼具，也具有很强的艺术性，给人以美的享受。在摆放时要考虑空间性质、家具和空间以及家具之间的比例关系，如图4-118所示。

图4-118 地面摆放陈设品

（2）台面摆放。主要是指将陈设品摆放在低于人腰线的水平台面上的摆设方法，主要集中在家具台面、窗台台面上。摆放的物品包括电器用品、工艺品、镜框、食品等需要借助台面的物品。摆放的题材应统一，可利用同一种形态的物品进行陈列或是同一材料进行陈设；同时陈设数量较多的陈设品时，必须将同时期或相似的器物分别组成较有规律的几个部分，然后加以反复安排，从平衡的关系中设计出完美的组织形式和生动活泼的韵律美感，如图4-119所示。

（3）橱柜摆放。包括壁架、隔墙式橱架、书架、陈列橱等多种形式。橱柜摆放是一种兼有贮藏作用的陈设方式，它能贮藏数量较多的书籍古董、工艺品、纪念物、器皿、玩具等摆设品。橱柜摆放应注意以下几点：橱柜本身的造型、色彩应单纯，否则橱柜变化过于复杂则不适合作为陈设背景出现；陈设品的数量要根据橱柜的空间大小决定，不要有过分拥挤的感觉，如图4-120所示。

图4-119 台面摆设陈设品

图4-120 橱柜摆设陈设品

（三）垂吊法

垂吊法主要是利用天花或是高过人头的位置进行物品陈列的一种方式，以陈设大型的艺术品、雕塑为主。它最大的优点是充分利用空间，不仅统领整个空间，形成视觉的中心，同时也可丰富空间形态，增加层次。需注意的是悬挂要牢靠，避免危险发生，如图4-121所示。

图4-121　垂吊法室内陈设

任务三　室内家具设计

一、室内家具概述

家具是存在于人们生活中的最为实用的生活器具，能坐、能躺、能存储物品，同时也是一种精湛的艺术品，更应该体现出人性化的设计。家具不仅仅和人们生活密切相关，忠实地服务于人们生活的各个方面，并以其自身使用性能满足人类的"衣、食、住"，为人们学习、工作和生活提供舒适、方便的服务。同时，随着家具形式与功能的增多，创造了家具美的视觉艺术形态。家具是人类物质文明的要求和建筑行业的兴起而派生和发展起来的，它经历了缓慢而悠久的岁月。

二、室内家具的种类

室内家具的品种繁多，在日常生活与技术交流中，常按其使用功能、制作材料、结构构造体系、组成方式以及艺术风格等方面来分类，见表4-5。

三、室内家具的功能与作用

（一）家具的功能

随着时代的演进，家具作为一种仅具有使用功能的物品是远远不够的，它还有着丰富的文化背景，家具的本质功能有"两重性"，即实用性和精神性。家具承担着支承、储物功能及其他功能，概括地说必须要以"人"为本，以家具的双重属性为出发点，才能融合到室内设计中。

（1）实用性：决定着家具的实用功能，能为人们的日常生活服务，在室内设计中，起着实质性的基础应用性作用。

（2）精神性：是指家具在满足人的生活需要的同时，还能满足人的审美要求，成为人们的精神享受。

表4-5 家具类型

分类方法	组成	分类方法	组成
按使用功能分类	（1）坐卧类 （2）凭椅类 （3）储存类	按年代分类	（1）传统家具 （2）近代家具 （3）现代家具
按制作材料分类	（1）木制家具 （2）藤、竹家具 （3）金属家具 （4）塑料家具	按使用环境分类	住宅、办公、会议室、宾馆、医院、飞机、轮船、火车、学校、实验室等家具
按构造体系分类	（1）框式家具 （2）板式家具 （3）注塑家具 （4）充气家具 （5）软质家具	按使用功能的数量分类	（1）单用式：仅满足一种使用功能，如餐桌、餐凳、写字台 （2）双用式：能满足两种不同的使用功能，如梳妆写字台、折叠沙发、书柜、写字台等 （3）多用式：能满足三种以上使用功能，如坐、卧、储存、健身等
按组成分类	（1）单体家具 （2）配套家具 （3）组合家具	按用途分类	（1）柜类：衣柜、书柜、食品柜、陈列柜、床头柜、梳妆柜、电视机柜、储物柜，主要用于储藏物品 （2）床类：家用床、病床、单人床、双人床、双层床、沙发床，主要是满足睡觉的功能要求 （3）台几类：又称桌子，如写字台、餐台、茶几、试验台、麻将桌等，主要用于摆设物品 （4）凳类：餐凳、梳妆凳、琴凳、课桌凳、方圆凳、沙发凳、高矮凳、折叠凳等
按使用特征不同分类	（1）固定家具 （2）组合家具 （3）配套家具 （4）多用式家具		

（二）在室内空间中的作用

（1）组织空间：不同形式的家具在空间平面布局中担当丰富空间和分隔组织功能区域的角色，通过家具的分隔产生固定区域和活动区域。

（2）空间变化：家具的摆放可以随着不同时期的审美需要，进行简单的位置变化，着眼于创造不同的空间气氛。

（3）分隔空间：从水平和垂直两个范围限定空间，分隔形式丰富。

（4）整理空间：通过家具组合，使空间宽敞化，增加活动空间。

（5）丰富空间：以家具及附属品的造型和色彩点缀室内空间。

（三）在精神方面的作用

（1）修身养性。

（2）形成室内空间的个性设计。

（3）调节室内的光和色的搭配。

四、室内家具选用原则及市场品牌

（一）家具选用原则

选用家具时，一般要考虑三个层次的问题：首先应满足实践需要，其次是充分利用空间，最后考虑经济承受力。实际选用时应综合考虑，权衡这三者的地位，下面针对家具的选用介绍一些简化了的一般准则。

1. 化整为零

把零散的各种使用功能的家具转化成一组家具，既能塑造完整的空间，又使空间规矩整齐，可用一组沙发来代替一堆椅子，又宜选用那些可以组合、集中的柜橱来存放物品，而不是选用许多小柜子，如图4-122所示。

（a）　　　　　　　　　　　　　　　（b）

图4-122　组合家具

2. 具有应变性

所谓应变性包括两个方面的含义：一是家具的容量应有一定延展能力，以便必要时可容纳更多的物品，供更多的人使用；二是家具的色彩和形体容量易于协调，以便适应室内布置的变更。

3. 具有多种功能

虽然家具的陈设有十分重要的一个基本属性，但对室内空间较小的家庭来说，家具的功能及比例要比美观更为重要。因此，应尽可能挖掘家具的多功能潜力，每一件家具最好具有两种或两种以上的功能，这样才能解决日常所需。

4. 具有可变性

这一点也包括两个方面的含义：一是宜购买可在不同时刻发挥不同功能的家具；二是可购买能移动、组合、折叠、充气、拆卸的家具，当然也必须为存在这些物品计算所需要的储存空间。

5.增大储存量

在购买（或制作）家具时，应注意尽可能增大家具的实际储存量，这样会减少所需家具的数量、避免室内空间过于拥塞。例如，选择有很多抽屉及分隔架子的书桌，或选择附有抽屉的睡床，比起那些长脚家具且脚部开放的家具样式更实用，其实际的储物量要增大很多，也可以将矮柜加上垫子当座位，用装饰较好的大箱代做几台，都可增加储物能力。

6.考虑不同人的心理需要

家具的造型设计、材料的选用及搭配、装饰纹样、色彩图案等要多考虑不同年龄人的心理需要。如老年人房间的家具以造型端庄、典雅、色彩平和为主；青年人房间的家具以造型简洁、轻盈、色彩明快、另类前卫为主；小孩房间的家具以色彩、小巧圆润造型、柔性材质为主。另外，材质的软硬、色彩的冷暖、装饰的繁简等都会引起人们不同的心理反应，如图4-123所示。

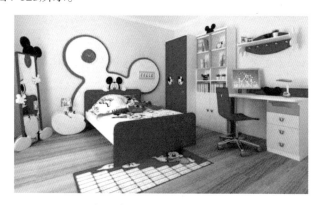

图4-123　色彩高纯度、小巧圆润的小孩子房间

7.尊重个性化

市场上的家具批量化生产，在质量、价格等方面有一定的优势，但不能完全满足建筑室内外空间的需求，非主流的空间场所对成品家具的需求甚少，因此现代家具的设计要因人而异，因地制宜，讲究个性化，追求潮流化。目前对于特殊家具造型采用定做方式的较多，"量体裁衣"式家具设计与生产将能更快适应社会的需要，会很快出现在家具工厂的生产与流通中。

（二）家具选用

室内设计所涉及的家具种类繁多，这里以住宅空间使用的主要家具——沙发为例，介绍沙发选择的要求及原则。

在客厅设计中，首先要明确走动路线，通过走动路线划分平面功能。客厅一般分为动静两区：一个安静的会客区，主要具有会客、谈话视听等功能；另一个是交通区域，人们常走动的地方，不宜摆放家具。沙发的选择受动静区域、空间大小和使用区域的限制，不同空间采用不同沙发体型，如欧式沙发大，现代风格沙发小；天气炎热的地方很少用皮革沙发等。沙发在居家中有着重要地位，能决定居室的主调，选购应注意以下几个方面。

首先，要考虑舒适性。沙发的座位以舒适为主，其坐面与靠背均应适合人体生理结构。如果居室面积较小，兼备坐卧功能的沙发床便是一个不错的选择，如图4-124所示。

图4-124　客厅里的沙发床

其次，要考虑到不同的使用者的年龄特征。对于老年人来说，沙发坐面的高度要适中，若太低，坐下、起来都不方便；对年轻夫妇来说，买沙发时还要考虑到将来孩子出生后的安全性与耐用性，沙发不要有坚硬的棱角，材质不要过于坚硬，颜色以鲜亮活泼为主。

再次，要考虑房间大小。小房间宜用体积小的实木或布艺沙发，这样房间剩余空间要大些；大空间摆放较大沙发并配备茶几，会更方便舒适；另外，房间小可选择沙发坐板下面有储物空间类型的，便于存放物品。

然后，要考虑沙发的组合可变性。最好选择由不同单体沙发组合成的组合沙发，有可移动、变化性，可根据需要变换其布局，随意性较强。若购买布艺沙发，可多准备一套沙发套，以备随时更换。

最后，要考虑与家居风格相协调，如图4-125所示。沙发的色彩质感非常关键，对整个空间有美化功能，沙发的面料、图案、颜色要与居室整体风格相统一。所以，住宅客厅空间一般先选购沙发，再配其他物件，才能创造出美妙的空间氛围。

图4-125　沙发与家具风格相协调

（三）市场品牌

据国家统计局中国行业信息发布中心透露，全国市场消费平稳快速增长，购买力进一步向名优品牌集中，名牌消费品仍占据较高的市场份额。中国家具已经形成以民用、软体、酒店、办公、教学和厨房家具等几大系列为主的现代家具。目前，中国家具因价廉物美、品种繁多，且注重文化底蕴，在市场上有较为鲜明的特点，其吸引力不断增强。近年来，通过不断发展和调整产业结构，家具生产门类基本齐全，生产规模不断扩大，加工设备、生产技术和工艺水平也有明显提高，涌现出一批具有一定生产规模的国内外知名品牌。家庭家具的知名品牌有曲美家具、红苹果家具、宜家家具、华日家具、全友家具、双叶家具等；办公家具知名品牌有震旦、Steelcase-Ultra欧美、UB优比、冠美等。家具行业已走向成熟化，由过去的请木工手工制作家具逐渐向购买成品家具的趋势发展，各种使用功能的家具由专门的家具设计师构思设计，由机械化流程施工作业，质量高，生产周期快，成品家具占有强大的市场份额，而今室内设计装修要求的家具除特殊空间要求个性制作外，其他家具都是成品采购，所以成品家具市场潜力大，更多市场品牌要朝着高技术、高标准的方向发展。

（四）家具设计作品赏析

（1）大理石家具，如图4-126、图4-127所示。

图4-126 大理石餐桌

图4-127 大理石桌子

（2）实木家具，如图4-128～图4-131所示。

图4-128 厨房实木家具

图4-129 实木餐桌

图4-130　实木双人床

图4-131　实木书柜

（3）板式家具，如图4-132、图4-133所示。

图4-132　板式桌子和柜子

图4-133　板式床

（4）软体家具，如图4-134、图4-135所示。

图4-134　软体家具——床

图4-135　软体家具——座椅

（5）藤编家具，如图4-136、图4-137所示。

图4-136 藤编沙发

图4-137 藤编摇椅

（6）金属家具，如图4-138、图4-139所示。

图4-138 金属展架

图4-139 金属座椅

任务四 室内绿化设计

一、室内绿化概述

室内绿化是室内设计的重要组成部分，与室内设计紧密相关。它泛指将植物、水景、山石等自然要素运用于室内空间，并通过一定的造景方式，构成室内绿色景观。它探讨的是绿化与人及室内空间的协调性和发展，即解决人—建筑—环境之间的关系。

室内绿化在形体上大体可以分为两种：一是单株植物盆栽布置，这是一种以桌、几、架等家具等为依托的绿化，一般尺寸较小，作为室内的陈设艺术。二是综合运用各种园林基本素材的布置，如用自然山水、树木花草、假山叠石乃至建筑小品（亭台楼阁）等构成的可观可游的多功能室内庭园。这一形式的绿化，就其设计而言，基本上不是室内工程完成后添加进去的装饰物，而是作为室内设计的一部分给予同步考虑。就技术上讲，必须同步考虑维护室内植物、水、石等景观的相关设施。

二、室内绿化的作用

绿色植物引入室内环境已有数千年的历史，是当今室内设计的重要内容，它通过植物（尤其是活体植物）、山石在室内的配置，使其与室内诸多要素达到统一，进而产生美学效应，给人以美的享受。绿化在室内空间中的作用主要表现为以下几点。

（一）改善气候

绿化的生态功能是多方面的，在室内环境中有助于调节室内的温度、湿度，净化室内的空气质量，改善室内的小气候。据分析，在干燥的季节，绿化较好的室内环境的湿度比一般室内的湿度约高20%；到梅雨季节，由于植物具有吸湿性，其室内湿度又可比一般室内的湿度低一些；花草树木还具有良好的吸音作用，有些室内植物能够降低噪声的能量，若靠近门窗布置绿化还能有效地阻隔传入室内的噪声；另外，绿色植物还能吸收二氧化碳，放出氧气，净化室内空气。

（二）美化环境

室内绿化比一般陈设品更有活力，它不仅具有形态、色彩与质地的变化，并且姿态万千，能以其特有的自然美为建筑内部环境增加动感与魅力。室内绿化对室内环境的美化作用主要表现在两个方面：一是绿色植物、山石、水体本身的自然美，包括其色泽、形态、动感、体量和气味等；二是通过对各种自然元素的不同组合以及与室内空间的有机配置后所产生的环境效果。室内绿化可以消除建筑物内部空间的单调感，增强室内环境的表现力和感染力；其自然景物的色彩不尽相同，可以反映出丰富的自然色彩风貌，当植物花期来临时形成的缤纷色彩更会使整个空间锦上添花。

（三）组织空间

现代建筑中有许多大空间，这些空间往往要求既有联系又有分隔，这时利用绿色植物和水体等进行分隔就成为一种理想手段。绿色植物和水体能在分隔空间的同时保持空间的沟通与渗透，在处理室内外空间的渗透方面效果更为理想，不但能使空间过渡更为自然流畅，而且能扩大室内环境的空间感。在室内空间中还有许多角落难以处理，如沙发、座椅布置时的剩余空间，墙角及楼梯、自动扶梯的底部等，这些角落均可以用植物、山石、水体来填充。可见利用室内绿化可使空间更为充实，起到空间组织的作用。

（四）陶冶性情

绿化引入内部空间后可以获得与大自然异曲同工的效果，室内绿化形成的空间美、时间美、形态美、音响美、韵律美和艺术美都将极大地丰富和加强室内环境的表现力和感染力，从而使室内空间具有自然的气氛和意境，满足人们的精神需求。

室内绿化中的植物，不论其形、色、质、味，或其枝干、花叶、果实，都显示出蓬勃向上、充满生机的力量，引人奋发向上、热爱自然、热爱生活。植物的生长过程，是争取生存与大自然搏斗的过程，其形态是自然形成的，没有任何掩饰和伪装。它的美是一种自然美，洁净、纯正、朴实无华，即使被人工剪裁，任人截枝折干，仍然能显示其自强不息、生命不止的顽强生命力。因此，人们可以从室内绿色植物中得到启迪，更加热爱生命、热爱自然、净化心灵，并与自然更为融洽。

三、室内植物的生态条件与布置方式

室内环境的生态条件异于室外，通常光照不足、空气湿度较低、空气流通不畅、温度比较恒定，一般情况下不利于植物的生长。为了保证植物在室内环境中能有一个良好的生态条件，除需要科学地选择植物和注意养护管理外，还需要通过现代化的人工设备来改善室内的光照、温度、湿度、通风等条件，从而创造出既利于植物生长，又符合人们生活和工作要求的人工环境。

（一）室内植物的生态条件

1. 光照

光是绿色植物生长的首要条件，它既是生命之源，也是植物生活的直接能量来源。一般来说，光照充足的植物生长得枝繁叶茂。从相关资料来看，一般认为低于300 lx的光照强度，植物就不能维持生长。然而不同的植物对光照的需求是不一样的，生态学上按照植物对光照的需求将其分为三类，其中阳性植物是指有较强的光照，在强光（全日照70%以上的光强）环境中才能生长健壮的植物；阴性植物是指在较弱的光照条件下（为全日照的5%～20%）比强光下生长良好的植物；耐阴性植物则是指需要光照在阳性和阴性植物之间，对光的适应幅度较大的植物。显然，用于室内的植物主要应该采用阴性植物，也可以使用部分耐阴性植物。

2. 温度

温度变化将直接影响植物的光合作用、呼吸作用、蒸腾作用，所以温度成为绿色植物生长的第二种重要条件。相对室外而言，室内环境中温度的变化要温和得多，其温度变化具有三个特点：一是温度相对恒定，温度变幅在15～25 ℃；二是温差小，室内温差变化不大；三是没有极端温度，这对于要求温度刺激的植物来说是不利的。但是由于植物具有变温性，一般的室内温度基本适合于绿色植物的生长。考虑到人的舒适性，室内绿色植物大多选择原产于热带和亚热带的植物品种，一般其室内的有效生长温度以18～24 ℃为宜，夜晚也要求高于10 ℃。若夜晚温度过低就需要依靠恒温器在夜晚温度下降时增添能量，并控制空气的流通与调节室内的温度。

3. 湿度

空气湿度对植物生长也起着很大的作用，室内空气相对湿度过高会让人们感到不舒服，过低又不利于植物生长，一般控制在40%～60%对两者均比较有利。如降至25%以下，对植物生长就会产生不良的影响，因此要预防冬季供暖时空气湿度过低的弊病。在室内造景时，设置水池、叠水、瀑布、喷泉等均有助于提高室内空气的湿度。若没有这些水体，也可以采用喷雾的方式湿润植物周围的地面，或采用套盆栽植来提高空气的湿度。

4. 通风

风是空气流动而形成的，轻微的或3～4级以下的风，对于气体交换、植物的生理活动、开花授粉等都很有益处。在室内环境中空气流通性差，常常导致植物生长不良，甚至发生叶枯、叶腐、病虫滋生等现象，因此要通过开启窗户来进行调节。阳台、窗户等处空气比较流通，有利于植物的生长；墙角等地通风性差，这些地方摆放的室内盆栽植

物最好隔一段时间就搬到室外去通通风，以利于继续在室内环境中摆放。许多室内绿化植物对室内废气都很敏感，为此室内空间应该尽量勤通风换气。利于室内绿化植物生长的风速一般以0.3 m/s以上为佳。

5. 土壤

土壤是绿色植物的生长基础，它为植物提供了生命活动必不可少的水分和养分。由于各种植物适宜生长的土壤类型不同，因此要注意做好土壤的选择。种植室内植物的土壤应以结构疏松、透气、排水性能良好，又富含有机质的土壤为好。土中应含有氮、磷、钾等营养元素，以提供生长、开花所必需的营养。盆栽植物用土，必须选用人工配制的培养土。理想的培养土应富含腐殖质，土质疏松，排水良好，干不裂开，湿不结块，能经常保持土壤的滋润状态，利于根部生长。此外，土壤的酸碱度也影响着花卉植物的生长和发育，应该引起注意。为了消除蕴藏在土壤中的病虫害，在选用盆土时还要做好消毒工作。

（二）室内绿化植物的种类

室内植物的种类很多，根据植物的观赏特性及室内造景的需要，可以把室内植物分为室内自然生长植物和仿真植物两大类。

1. 室内自然生长的植物，如图4-140所示

从观赏角度来看可分为观叶植物、观花植物、观果植物、藤蔓植物、闻香植物、室内树木与水生植物等种类，其品种分别为以下几种。

图4-140 室内自然生长的植物

（1）观叶植物。指以植物的茎叶为主要观赏特征的植物类群。此类植物叶色或青翠、或红色、或斑斓，叶形奇异，枝繁叶茂，有的还四季如春，经冬不凋，清新优雅，极富生气。代表性的植物品种有文竹、吊兰、竹子、芭蕉、吉祥草、万年青、天门冬、石菖蒲、橡皮树、稚尾仙草、蜘蛛抱蛋等。

（2）观花植物。此类植物按照形态特征分为木本、草本、宿根、球根四大类，它们使人陶然忘情。代表性植物有玫瑰、玉兰、迎春、翠菊、一串红、美女樱、紫茉莉、凤仙花、半枝莲、五彩石竹、玉簪、蜀葵、唐菖蒲、大丽花等。

（3）观果植物。此类植物春华秋实，结果累累，有的如珍珠、有的似玛瑙、有的像火炬，色彩各异，可赏可食。代表性植物有石榴、枸杞、火棘、金桔、玳玳、文旦、佛手、紫珠、金枣等。

（4）藤蔓植物。此类植物包括藤本和蔓生性两类。前者有攀援型和缠绕型之分，如常春藤类、白粉藤类、龟背竹和绿萝等属攀援型，而文竹、金鱼花、龙吐珠等属缠绕型。后者指有葡萄茎的植物，如吊兰、天门冬。藤蔓植物大多用于室内垂直绿化，多做背景并能吸引人的注意。

（5）闻香植物。此类植物花色淡雅，香气幽远，沁人心脾，既是绿化、美化、香化居室的材料，又是提炼天然香精的原料。代表性植物有茉莉、白兰、珠兰、米兰、栀子、桂花等。

（6）室内树木。此类植物除了观叶植物的特征，树形是一个最重要的特征：有棕榈形，如棕榈科植物、龙血树类、苏铁类和桫椤等植物；圆形，如白兰花、桂花、榕树类；塔形，如南洋松、罗汉松、塔柏等。

（7）水生植物。此类植物有漂浮植物、浮叶根生植物、挺水植物等几类，在室内水景中可引入这些植物以创造更自然的水景。漂浮植物如凤眼莲、浮萍植于水面；浮叶根生的睡莲植于深水处；水葱、旱伞草、慈菇等挺水植物植于水际；再高还可植日本玉簪、葛尾等湿生性植物。水生植物大多喜光，随着近年来采光和人工照明技术的发展，水生植物正在走向室内，逐渐成为室内环境美化中的一员。

2. 室内仿真植物

仿真植物是指用人工材料如塑料、绢布等制成的观赏性植物，也包括经防腐处理的植物体再组合形成的仿真植物，如图4-141所示。随着制作材料及技术的不断改善，加上一般家庭和单位没有足够资金提供植物生存所需的环境条件，使得这种非生命植物越来越受到人们的欢迎。虽然仿真植物在健康效益、多样性方面不如具有生命力的室内绿化植物，但在某些场合确实比较实用，特别在光线阴暗处、光线强烈处、温度过低或过高的地方、人难到达的地方、结构不宜种植的地方、特殊环境、养护费用低等地方具有很强的实用价值。

图4-141 室内仿真植物

（三）室内绿化植物的选择

植物世界称的上是一个巨大的王国，由于各种植物自身生长特征的差异，对环境有不同的要求，然而每个特定的室内环境又反过来要求有不同品种的植物与之配合，所以室内绿色植物的选择依据包括：

首先需要考虑建筑的朝向，并需注意室内的光照条件，这对于永久性室内植物尤为重要，因为光照是植物生长最重要的条件。同时室内空间的温度、湿度也是选用植物必须考虑的因素。因此，季节性不明显，容易在室内成活、形态优美、富有装饰性的植物是室内植物的首选。

其次要考虑植物的形态、质感、色彩是否与建筑的用途和性质相协调。要注意植物大小与空间体量相适应，要考虑不同尺度植物的不同位置和摆法。一般大型盆栽宜摆在地面上或靠近厅堂的墙、柱角落。这样做的好处是使盆栽的主体接近人们的视平线，有利于欣赏它们的全貌。中等尺寸的盆栽可放在桌、柜和窗台上，使它们处在人们的视平线之下，显出它们的总轮廓。小型盆栽可选用美观的容器，放在隔板、柜橱的顶部，使植物和容器作为整体供人们观赏。

同时，季节效果也是值得考虑的因素，利用植物季节变化形成典型的春花、夏绿、秋叶、冬枝等景色效果，使室内空间产生不同的情调和气氛，使人们获得四季变化的感觉。

再者，室内植物的选用还应与文化传统以及人们的喜好相结合，如我国喻荷花为"出淤泥而不染，濯清涟而不妖"，以象征高尚的情操；喻竹为"未曾出土先有节，纵凌云霄也虚心"，以象征高风亮节的品质；称松、竹、梅为"岁寒三友"，梅、兰、竹、菊为"四君子"；喻牡丹为高贵，石榴为多子，萱草为忘忧等；在西方喻紫罗兰为忠实永恒、百合花为纯洁、郁金香为名誉、勿忘草为勿忘我等。

此外，要避免选用高耗氧植物，有毒性的植物特别不应出现在居住空间中，以免造成意外。

（四）室内植物的布局方式

室内空间中布置绿色植物，首先要考虑室内空间的性质、用途，然后根据植物的尺度、形状、色泽、质地，充分利用墙面、顶面、地面，达到组织空间、改善空间和渲染空间的目的。近年来，许多大中型公共建筑常辟有高大宽敞、具有一定自然光照的"共享空间"，这里是布置大型室内景园的绝妙场所，如广州白天鹅宾馆就设置了以"故乡水"为主题的室内景园。宾馆底层大厅贴壁建成一座假山，山顶有亭，山壁瀑布直泻而下，壁上种植着各种耐湿的蕨类植物、沿阶草、龟背竹。瀑布下连曲折的水池，池中有鱼，池上架桥，并引导游客欣赏珠江风光。池边种植旱伞草、艳山姜、棕竹等植物，高空悬吊巢蕨。绿色植物与室内空间关系处理得水乳交融，优美的室内园林景观使游客流连忘返。

室内植物布局的方式多种多样、灵活多变。从形态上可将之归纳为以下四种形式。

1.点状布局

点状布局指独立或组成单元集中布置的植物布局方式。这种布局常常用于室内空间的重要位置，除了能加强室内的空间层次感，还能成为室内的景观中心，因此在植物选用上更加强调其观赏性。点状绿化可以是大型植物，也可以是小型花木。大型植物通常放置于大型厅堂之中；而小型花木则可置于较小的房间里，或置于几案上或悬吊布置。点状绿化是室内绿化中运用最普遍、最广泛的一种布置方式。

2.线状布局

线状布局指绿化呈线状排列的形式，有直线式或曲线式之分。其中直线式是指用数盆花木排列于窗台、阳台、台阶或厅堂的花槽内，组成带式、折线式，或呈方形、回纹形等，直线式布局能起到区分室内不同功能区域、组织空间、调整光线的作用；而曲线式则是指把花木排成弧线形，如半圆形、圆形、S形等多种形式，且多与家具结合，并借以划定范围，组成较为自由流畅的空间。另外，利用高低植物创造有韵律、高低相间的花木排列，形成波浪式绿化也是垂面曲线的一种表现形态。

3.面状布局

面状布局是指成片布置的室内绿化方式。它通常由若干个点组合而成，多数用作背景，这种绿化的体、形、色等都应以突出其前面的景物为原则。有些面状绿化可能用于遮挡空间中有碍观瞻的东西，这个时候它就不是背景而是空间内的主要景观点了。植物的面状布局形态有规则式和自由式两种，它常用于大面积空间和内庭之中，其布局一定要有丰富的层次，并达到美观耐看的艺术效果。

4.综合布局

综合布局是指由点、线、面有机结合构成的绿化形式，是室内绿化布局中采用最多的方式。它既有点、线，又有面，且组织形式多样，层次丰富。布置中应注意高低、大小、聚集的关系，并需在统一中有变化，以传达出室内绿化丰富的内涵和主题。

任务五　室内照明设计

我们的生活空间如果没有光，就人的视觉来说就没有一切，光的存在让我们看到这个世界五彩缤纷。在室内空间设计中，光的作用更为重要，光不仅能满足人们视觉功能的需要，而且是空间美的创造者。因此，室内照明是室内设计的重要组成部分之一，在设计中应重点考虑。

目前，国内有很多知名的灯光设计事务所，香港著名灯光设计师关永权重点设计室内空间的灯光，代表作品为香港阿玛尼专卖店、路易威登珠宝手表店；照明设计师安小杰设计的北京国家游泳中心"水立方"夜晚灯光效果分外耀眼，其代表作品还有广州国际白云机场、北京新三里屯等。

一、室内照明概述

（一）光源的分类

1.自然光源

通常将室内对自然光的利用，称为自然采光。采用此种光源可以节约能源，并且在视觉上习惯和舒适，心理上更能与自然接近、协调，但它受时间的限制，在没有自然光的情况下，可以通过人工光源照明。

2.人工照明

人工照明也就是用可发光的物体进行室内照明，常指灯光照明。它是夜间主要光源，同时又是白天室内光线不足时的重要补充。人工照明可以较自由地调整光的方向、颜色，需要考虑照明效果对视觉工作者造成的心理反应以及在构图、空间感、明暗、动静、方向性等方面是否达到视觉上的满意、舒适和愉悦。人工照明是使用最广泛的照明方式。

（二）照明基本概念

1.照度

光通量是衡量光源的发光效率的一个物理量，光通量的单位为流明（lm），光源的发光效率的单位为流明/瓦特（lm/W）。光源在某一方向单位立体角内所发出的光通量叫做光源在该方向的发光强度，单位为坎德拉（cd）。照度表示被光照的某一面上单位面积内所接收的光通量，其单位为勒克斯（lx）。提高照度可以使用大功率光、增加灯具数量、利用直射光等。照度越高，越容易看清物体，如果照度超过一定值反而难以看清物体，增加视觉疲劳，引起不舒适的感觉，即眩光现象。因此，空间不是越亮越好，不同的空间要选择不同功率的灯具，以达到充足的亮度。拿普通的荧光灯光源举例，一般每平方米按3~5 W功率来配置，白炽灯按每平方米15~25 W功率配置。在40 W的白炽灯下1 m处的照度为30 lx，阴天午后室外照度为8 000~20 000 lx，晴天午后阳光在室外的照度可达80 000~120 000 lx。同时，还要注意控制照度的分布和对比关系，最简单的方法是调整从光源发出的光亮。在照度计算时要考虑到视觉功效、视觉的满意程度及照明成本控制等因素，在一定照度水平内，随着照度的提高，视觉功效也提高，要获得一个高效的工作环境，首先要保证有足够的照度。室内照明应具有一定的均匀度，但不是越均匀越好，适当的照度变化，能够形成比较活跃的照明，如表4-6所示。

表4-6

推荐照度范围（lx）	区域或者活动类型
20~30~50	室外交通区和工作区
50~75~100	交通区，简单的辨别方向或者短暂访谈
100~150~200	非连续使用的工作房间
200~300~500	有简单视觉要求的作业
300~500~750	有中等费力的视觉作业
500~750~1 000	有相当费力的视觉作业
750~1 000~1 500	有很困难的视觉作业
1 000~1 500~2 000	有特殊要求的视觉作业
>2 000	有非常精细的视觉作业

2. 光色

光色指光的表观颜色，也叫色表。光色主要取决于光源的色温（K），并影响室内的气氛。色温低，光色偏红，感觉温暖；色温高，光色偏蓝，感觉凉爽。一般色温小于3 300 K为暖色，色温3 300 ~ 5 300 K为中间色，色温大于5 300 K为冷色。光源的色温应与照度相适应，即随着照度增加，色温也应相应提高。否则，在低色温、高照度下，会使人感到酷热；而在高色温、低照度下，会使人感到阴森的气氛。不同色温的光源造成色温照明效果的冷暖感觉调整了气候条件带来的差异，光源的色温选择要与整体室内设计风格及想要形成的环境气氛相适宜，如：温色调的灯光色温低，接近黄昏的情调，能够形成亲切轻松的气氛，适合休息场所，能缓解疲劳；色温较高的冷色调的灯光适合精神紧张的工作环境，不同色温的灯光给人不同的印象。由于人们所处区域的气候条件的差异，通常亚热带的人较喜欢4 000 K以上较高色温的光源照明，寒带的人较喜欢4 000 K以下的较低色温的光源照明，设计时要充分考虑到光色的重要性能。

3. 亮度

亮度是表征发光物表面发光强弱或被照物表面反射光的强弱的物理量，也被称为发光度（L），单位为坎德拉每平方米（cd/m^2）。室内亮度的分布是由照度分布和表面反射比决定的，是人眼对环境明亮程度的感受。例如在同样的照度下，白纸看起来比黑纸要亮。有许多因素影响亮度的评价，要考虑照亮比和反射比这两个因素，还要考虑照度、表面特性、视觉、背景、注视的持续时间，甚至包括人眼的特性。

（三）显色性

光源照射后，显现被照物体颜色的性能称为显色性，也就是颜色显示的逼真程度。显色性好的光源对颜色本色体现得较好，颜色接近物体本色；反之，显色性差的光源对颜色的本色体现得较差，颜色偏差较大。一个颜色的样品在日光下显现的颜色是最准确的。因此，可以用日光标准与白炽灯、荧光灯等人工光源比较，在日光下观察物体的颜色，然后拿到高压汞灯下观察，就会发现有的颜色已变了色，如粉色变成了紫色，蓝色变成了蓝紫色。一般显色性由显色指数（Ra）表示，Ra最大值为100，Ra值在80以上显色性优良，Ra值在50 ~ 79显色性一般，Ra值在50以下显色性差。研究发现由几个特定波长色光组成的混合光源有很好的显色效果，如三基色荧光灯的发光颜色组成主要是红色光（波长为610 nm）、绿色光（波长为540 nm）、蓝色光（波长为430 nm）这三种波长的基本色，具有良好的显色性，用这样的白光去照明物体，都能得到很好的显色效果。

（四）眩光

当人们观察某一视觉对象时，如果视野内存在严重的亮度不均匀的情况，或者某一处的亮度变化太大给人造成强烈的刺眼效应，会使人感到不舒适，严重损坏视觉功效，这就是眩光现象，它是评价照明质量的一个重要方面。眩光会使影像模糊化，阅读吃力，容易造成眼睛疲劳，严重的会损害视觉功效。在室内空间设计中要避免眩光的干扰。根据眩光源的不同，眩光可以分成直接眩光和反射眩光两类。直接眩光是指光源直接进入视野时造成的，主要由光源的亮度和大小来决定，如直接灯光或夜间对方来车的车灯就会造成眩光的现象；反射眩光是指光源投射到光泽面后反射至眼睛的光线，对视觉造成一定的干扰，一般常称为反光，反射眩光对舒适度影响很大。

解决眩光的有效措施有以下几种：

（1）正确安排照明光源和使用者的相对位置，使视觉作业的每个位置基本不处于任何光源同眼睛形成的镜面反射角内。

（2）增加侧面投射光的形式，不直接照射在视觉作业面上。

（3）选用发光面积大且亮度低的灯具，但要在满足基本照度的基础上。

（4）顶棚、墙和安装界面尽量选择无反射的浅色饰面，减少反射的影响。

二、照明设计

（一）照明布局形式

1.基础照明

所谓基础照明，是指大空间内采用均匀的固定灯具，给室内提供最基本的照度,并形成一种格调，不考虑特殊部位的需要，以照亮整个场地而设计的照明，也称为一般照明。除注意水平面的照度外，更多考虑的是垂直面的亮度，一般选用比较均匀、全面的照明灯具。

2.重点照明

重点照明是为突出特定目标或引起视野对于某一部分的注意而对重点部位进行强调性的重点投光。如商品陈设架或橱窗的照明，目的在于增强顾客对商品的吸引和注意力，其照明方式是根据商品种类、形状、大小及展览方式等确定的。一般使用强光来加强商品表面的光泽，强调商品形象，一般重点照明亮度是基本照明的3~5倍。

3.装饰照明

为了对室内进行装饰，增加空间层次，营造环境气氛，常用装饰灯具进行照明，强调灯具本身的艺术效果，而照明却是辅助功能。常用的装饰照明灯具有吊灯、壁灯、挂灯等图案漂亮的灯具。装饰照明丰富了室内空间，并渲染了室内环境气氛，更好地表现了具有强烈个性的空间艺术，但装饰照明只能是以装饰为目的的独立照明，不兼作基本照明或重点照明，如图4-142所示。

图4-142 装饰照明

（二）照明方式

根据不同空间对于灯光的照度和亮度的需求方式进行分配，照明方式包括以下几种。

1. 直接照明

光线通过灯具射出，90%以上的光通量分布到作业工作面上，这种方式为直接照明。此种照明方式具有强烈的明暗对比，并能造成有趣生动的光影效果，可突出工作面在整个环境中的主导地位，但是由于亮度较高，应通过增加灯罩等方法防止眩光的产生，直接照明常用在工厂、办公室等空间，如图4-143所示。

图4-143　直接照明

2. 半直接照明

半直接照明方式是用半透明材料制成的灯罩罩住灯泡上部，60%～90%的光通量集中射向作业工作面上，10%～40%的光通量又经半透明灯罩扩散而向上漫射，形成的阴影比较柔和。这种照明方式常用于空间较低场所的普通照明。由于漫射光线能照亮平顶，使房间顶部高度增加，因而能产生较高的空间感。商城、服饰店、会议室等场所常采用半直接照明来提高空间高度。

3. 间接照明

间接照明是指将光源遮蔽而产生间接光的照明方式，其中90%～100%的光通量通过天棚或墙面反射作用于工作面，10%左右的光通量则直接照射工作面。常见的方法是将照明灯具隐藏，光线从棚顶射入，或者同其他照明方式配合使用，才能取得特殊的艺术效果，如图4-144所示。

图4-144　间接照明

4. 半间接照明

半间接照明方式，恰好和半直接照明相反，60%左右的光通量射向棚顶，形成间接光源，10%～40%的光线经灯罩向下扩散。这种方式能产生比较特殊的照明效果，适用于住宅中的门厅、过道等，通常在学习的环境中也采用这种照明方式。

5. 漫射照明

漫射照明方式，是利用灯具的折射功能来控制眩光，将光线向四周扩散漫散。这类照明光线柔和，视觉舒适，适用于休息场所，如图4-145所示。

图4-145　漫射照明

（三）照明的艺术性

室内照明设计是一门融技术和艺术为一体的工程，属于室内设计中技术含量和艺术效果最高的部分，也是最难解决的设计问题。现代建筑内部空间设计中，照明可以形成空间、改变空间或者破坏空间，它直接影响到人对空间大小、形状、质地和色彩的感知。设计人员要将照明设计与建筑空间设计紧密结合，综合地进行艺术处理，才能满足空间的不同功能和装饰要求。

1. 丰富空间内容

现代照明中，运用人工光源的投射、虚实、隐现等手法控制光的投射角度及光的构图秩序，可以增加空间的亮点，是快速提高空间艺术氛围的最简单直接的手段，可以通过照明限定空间、强调重点部位、创造不同的空间氛围。如时下流行的酒吧、KTV、慢摇空间，通过把色彩斑斓的灯光和室内的空间环境结合起来，可以创造出各种不同风格的酒吧情调，取得良好的装饰效果。例如闪动跳跃的霓虹带给人们激情与热烈，烘托了环境气氛；反之，如果娱乐场所的灯光采用最简单的白炽灯直接照明，那可想而知是什么效果了。因此，照明除了满足最基本的照亮功能外，还能丰富空间内容。另外，空间的感觉还可以通过光的变化表现出不同的效果，一般来说，空间的开敞性与灯光的亮度成正比，亮的房间感觉大些，暗的房间感觉小些，采用漫射光作为整体照明也使空间有扩大的感觉。照明还可以改变空间实和虚的感觉，例如：在台阶底部及家具底部的隐藏照明，可以使物体形成悬浮的效果，使空间显得空透、轻盈。

2. 渲染气氛

灯光色彩和灯具的造型用以渲染空间环境气氛，能够收到非常明显的效果，不同类型的灯具对空间的装饰作用不同，灯光的颜色和室内设计色彩一样都能营造出不同的气氛。暖色的灯光表示愉悦、温暖、华丽，能增加室内快乐、温馨的气氛；冷光则表示宁静、高雅、清爽的格调，室内空间会显得恬静淡雅。在不同光照环境下形成室内空间某种特定的气氛即形成视觉环境色彩，因此要考虑主光源与次光源色光之间的相互影响、相互作用。如以暖色调为主的室内空间中，用荧光灯照明，灯管所发出的青蓝成分较多，就会给鲜艳的颜色蒙上一层灰暗的色调，从而使室内温暖的气氛受到破坏。如果使用暖色的白炽灯，则可以使室内的温暖基调得到加强；反之，冷色调为主的室内空间里加入暖色调的光源，则会破坏室内宁静高雅的气氛，强烈的霓虹灯、聚光灯，可以把室内气氛活跃起来，增加繁华热闹的节日气氛。

3. 光影艺术

光影本身就是一门特殊的艺术，在照明艺术中能更加深刻地体现光影的独具匠心之处，如图4-146所示。在照明设计时，可以充分利用各种照明装置形成生动的光影效果，丰富空间的内容与变化。处理光影的手法很多，既可以以表现光为主，也可以以表现影为主，又可以光影同现。光影造型的千变万化要采取恰当的表现形式才能突出主题思想，丰富空间的内涵，这也是获得良好的艺术照明效果的前提。在绘画中的光影也是非常重要的，只有通过光影，才能产生立体感、空间感，并且光影也是烘托某种气氛的重要元素。如在以绿为主的休闲空间中，充分利用光影的作用有意制造出一些造型圆洞，并把灯光放进圆洞或放在某些植物的下面向上照射，会使空间产生有趣的光影，既丰富了视觉效果，又增加了空间的立体感和层次感。

图4-146　光影艺术

三、室内灯具的种类及运用

人工照明离不开灯具，灯具不仅限于照明，也是建筑装饰的一部分，能起到美化环境的作用，是照明设计与建筑设计的统一体。随着建筑空间设计的迅速发展和人们生活方式的飞速变化，灯具的材料、造型、风格、设置方式都会发生很大变化，灯具与室内空间环境结合起来，可以创造不同风格的室内情调，取得良好的照明及装饰效应。

（一）灯具的分类

灯具有如下几种类型：

（1）按灯具光源分为固体发光光源和气体放电发光光源。固体发光光源分为白炽灯、场次发光灯、半导体发光器；气体放电发光光源分为弧光放电灯（荧光灯、低压钠灯、高压汞灯、高压钠灯、高压氙灯、金属卤化物灯、碳弧灯）和辉光放电灯（霓虹灯、氖灯）。

（2）按安装方式一般可以分为吸顶灯、嵌入式顶灯、吊灯、壁灯、活动灯具、建筑照明等。

（3）按使用场所可分为民用灯（壁灯、落地灯、台灯、床头灯、门灯、吸顶灯、吊灯、嵌入式顶灯）和建筑灯、工矿灯、车用灯、船用灯、舞台灯等。

（二）室内常用灯具种类及运用

在现代家庭装饰中，灯具的作用已经不仅仅局限于照明，更多的时候它起到的是装饰作用。一个好的灯具，可以使空间增添几分温馨与情趣，因此灯具的选择在室内设计中非常重要，下面介绍几种室内空间设计中常用的灯具。

1.吊灯

吊灯如图4-147所示，是悬挂在室内屋顶上的照明工具，经常用作大面积范围的照明。安装吊灯时必须保证空间有足够的高度，吊灯悬挂距地面最低2.1 m左右，长杆吊灯适合用于举架较高的公共场所。吊灯的造型、大小、质地、色彩对室内气氛影响非常大，因为它将成为空间的主要照明，即是主灯，在选用时一定与室内环境相协调。例如，古色古香的中式风格空间应搭配具有中国古老气息的纸质宫灯，如图4-148所示；西餐厅应配欧式风格的吊灯，如蜡烛、古铜色灯具等，如图4-149所示；而现代派居室则应配以几何线条为主的简洁明朗的灯具。吊灯分为单头和多头两种，单头吊灯多适合于厨房和餐厅，而多头吊灯则适合于客厅。由于吊灯样式繁多，因此购买的时候不仅要从美观高雅方面考虑，更要从实际出发，不要选择带有电镀层的吊灯，因为电镀层时间长易掉色，选择水晶吊灯（见图4-150）时要考虑到气候环境问题及对灯具的保养与维护问题。

图4-147　吊灯

图4-148　中国古老气息的纸质宫灯

图4-149　西餐厅的蜡烛

图4-150　水晶吊灯

2.吸顶灯

吸顶灯是直接安装在天花板上的一种固定式灯具，如图4-151所示。吸顶灯种类繁多，但可归纳为以白炽灯为光源的吸顶灯和以荧光灯为光源的吸顶灯。以白炽灯为光源的吸顶灯，灯罩用玻璃、塑料、金属等不同材料制成不同形状的灯罩，常见的有方罩吸顶灯、圆球吸顶灯、小长方罩吸顶灯等。其中以荧光灯为光源的吸顶灯，大多采用有晶体花纹的有机玻璃罩和乳白玻璃罩，外形多为长方形。吸顶灯多用于整体照明，例如，过道、阳台、卫生间、办公室、会议室、走廊等空间。选择吸顶灯时要选有电子镇流器的灯具，它有助于灯具瞬时启动，延长灯的寿命。另外，还要考虑到灯光的显色性问题，卤粉灯管显色性差，三基色粉灯管显色性好。

图4-151　吸顶灯

3.嵌入式灯

嵌在天花板隔层里的灯具，具有较好的下射光，称为嵌入式灯，也叫筒灯，主要用于一般照明，方向性好，灯具简洁，易于安装，常用于公共场所空间。筒灯有聚光型和散光型两种，聚光型一般用于有局部照明要求的场所，如金银首饰店、商场货架等处；散光型一般多用作局部照明以外的辅助照明；例如，宾馆走廊、咖啡馆走廊等。常用筒灯规格见表4-7。筒灯的嵌入空间是需要在设计时考虑的，安装筒灯必须留有内插式结构的位置，充分考虑筒灯开孔尺寸和高度对吊棚设计的影响，如安装4 in（1 in=2.54 cm）

直装单管筒灯（见图4-152），吊棚高度最低要留160 mm左右，才能保证筒灯内插结构顺利安装；4 in横插单管筒灯，如图4-153所示，所需的吊顶安装尺寸要小于直装筒灯类型，一般在100 mm左右。

表4-7 常用筒灯规格

筒灯型号	材质	直径（1 in=2.54 cm=25.4 mm）	推荐光源	开孔尺寸（mm）	高度（mm）
2.5 in直装灯头单管	磨砂条纹	2.5 in=2.5×2.54=6.35（cm），约63 mm	5 W节能灯	80	125
3 in直装灯头单管	珠点	3 in=2.5×2.54=7.2（cm），约72 mm	7 W节能灯	92	137
3.5 in直装灯头单管	磨砂	3.5 in=2.5×2.54=8.89（cm），约89 mm	9 W节能灯	105	142
4 in直装灯头单管	反光	4 in=4×2.54=10.16（cm），约111 mm	13 W节能灯	130	158
6 in横插单管	反光	6 in=6×2.54=15.24（cm），约152 mm	15 W节能灯	170	100

图4-152 直装单管筒灯

图4-153 横插单管筒灯

4.壁灯

壁灯造型丰富、款式多变，壁灯的照明不宜过亮，灯泡功率多在15~40 W，这样更富有艺术感染力，光线浪漫柔和，可把环境点缀得优雅、富丽、温馨。常见的有变色壁灯、床头灯、镜前壁灯等。变色壁灯多用于节日、喜庆环境；床头灯，灯头可转动，光束集中，便于阅读。这些灯经常安装在墙壁上，使平淡的墙面变得光影丰富，应略超过视平线，在1.6~1.8 m，同一表面上的灯具高度应该统一。镜前壁灯多装饰在盥洗间镜子上方，多呈长条形状，一般用作补充室内的照明。壁灯的款式选择应根据墙色及整体环境而定，主要看结构、造型。铁艺壁灯（见图4-154）、全铜壁灯、羊皮纸壁灯（见图4-155）等都属于中高档壁灯，手工制作的壁灯价格比较贵。

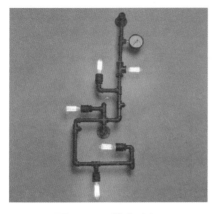

图4-154 铁艺壁灯

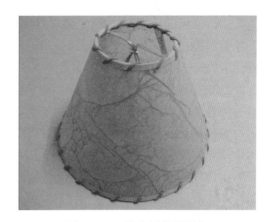

图4-155 羊皮纸花型壁灯

5.台灯

台灯主要用于局部照明，书桌上、床头柜和茶几上都可用台灯，它不仅是照明器，又是很好的装饰品，对室内环境起美化作用。台灯按材质一般分为陶灯、木灯、铁艺灯、筒灯等；按功能分为装饰台灯（见图4-156）、护眼台灯（见图4-157）、工作台灯等；按光源分为灯泡、插拔灯管、灯珠台灯等。在选择台灯的时候应该注意区别台灯的使用场所，如果重在装饰空间可选用工艺用台灯；如果重在工作照明，则可选用书写用的护眼台灯。

图4-156 田园复古装饰台灯

图4-157 护眼台灯

6.立灯

立灯又称"落地灯"，也是一种局部照明灯具，它的摆放强调移动的便利，对于角落气氛的营造十分实用。它常摆在沙发和茶几附近，作为待客、休息和阅读照明，如图4-158所示，也属于落地灯的一种，对于空间的塑造既有功能性又有趣味性。

7.射灯

射灯的种类丰富，有夹式射灯、普通挂式射灯、长臂射灯、轨道射灯、吸顶射灯、壁画射灯。因其造型玲珑小巧，多用于制造效果，点缀气氛，非常具有装饰性，一般多以各种组合形式置于装饰性比较强的地方。

（1）天花射灯。在配光类型上属于直接型天花射灯，一般安装卤素灯光源，款式多样，占地面积小，广泛用于重点照明及局部照明，适合各类场所，选择时应注重外形档次和所产生的光影效果，是典型的装饰灯具。

（2）轨道射灯。由轨道和灯具组成，使用卤素光源，可以实现在一根轨道上以吸顶、嵌入、悬挂的安装方式安装许多灯具，简化了电路并且可以使用软性轨道。轨道射灯能沿轨道移动，并且可改变投射的角度，是一种局部照明用的灯具，主要特点是可以通过集中投光以增强某些特别需要强调的部位，已被广泛应用在商场、展览厅、博物馆等场所，以增加商品、展品的吸引力为主要作用。另外，壁画射灯、窗头射灯等也属于轨道射灯的范围，如图4-159所示。

图4-158　立灯　　　　　　　　　　　　图4-159　轨道射灯

（3）吸顶射灯。吸顶射灯安装更灵活，可以满足不同部位的终点照明，造型众多，灯杆的杆长可以根据需要选择，灯头可以多角度旋转，从而满足不同场合的需要。

（4）幻影射灯。幻影射灯外形美观流畅，灯罩采用优质铝型材，抗紫外线效果好，灯头和灯杆可做调节，可满足不同的照射需求，具有良好的定向角度配光曲线；散热性能良好，阻燃性更高，消防安全有保障，多用于舞台照明。适用于酒店、商业场所、展厅、精品店、家庭等照明。

8.日光灯

日光灯又称荧光灯，属于低压气体放电灯，在玻璃管中充有容易放电的氩气和少量的水银，通过激发荧光物质发光。日光灯分为插拔式节能灯、节能灯、管型荧光灯，都属于荧光灯范围，在造型上也有柱形、环形、U形等多种。荧光灯光效高，使用寿命长，其最大特点是光亮、节能、散射、无影，是典型的一般照明灯具，装饰效果相对差些，是使用较广泛的灯具。

9.罩灯

罩灯也叫吊线灯，灯罩采用硬质塑料、玻璃、不锈钢等材质，使用灯罩将灯罩住让光线固定地投射于某一范围内，内置变压器具有过载保护功能，如图4-160所示。灯具采用独有的平衡装置，精致美观，结实不易破碎，造型别致，具有现代感，便于创造柔和的室内环境。一般用在顶棚、床头、商场、餐厅等空间，常以悬挂形式出现，餐厅中安装罩灯的比较多，最好选择可调节的线灯，灯光应限制在餐桌正上方范围内，最低点一般距离桌面800 mm左右，既能突出餐桌，又能引起人的注意，更能增加食欲。

10.格栅灯

格栅灯根据安装方式不同分为嵌入式格栅灯和吸顶式格栅灯，能提高灯具效率和抑制不舒适的眩光，使空间明亮，并可以组成各种长度的连续型光带，被广泛地应用在办公场所，如图4-161所示。常见的有镜面铝格栅灯、有机板格栅灯，它们具有防腐性能好、不易褪色、透光性好、光线均匀、节能环保。防火性能好的特点，符合环境要求。常用的规格有600 mm×600 mm、600 mm×1 200 mm，规格和天花吊顶矿棉板、铝塑板等材料尺寸统一，施工方便。

图4-160　玻璃罩灯

图4-161　格栅灯

11.光纤灯

光纤由液体高分子化合物聚合而成，光纤传光、发光，不发热、不导电，具有导光性、省电、耐用、无污染、可弯曲、可变色、环境适应范围广、节能环保、使用安全等特点。光纤照明可以创造出十二星座、流星雨、星空风瀑、流水瀑布、光纤幕墙、垂帘、光晕轮廓等绚烂多彩的效果。市场上常用光纤灯种类有光纤吊灯（见图4-162）、管线射灯、塑料光纤灯、光纤水晶灯等。光纤水晶灯是光纤光源与水晶的完美搭配，不但颜色多元化，比起一般的水晶灯，能使每颗水晶的中心都十分明亮，从而使灯的光纤分布比较均匀，使用起来更加安全；塑料光纤灯光线比较柔和，大大地减少了光污染，是近年来的新技术，广泛应用于建筑物装饰照明、景观装饰照明、文物工艺品照明、商场、展览馆、娱乐场所、居家装饰及特殊场合照明等。

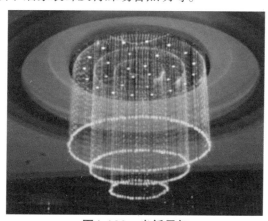

图4-162　光纤吊灯

12. LED灯

LED是英文Light Emitting Diode（发光二极管）的缩写，它的基本结构是一块电致发光的半导体材料，置于一个有引线的架子上，然后四周用环氧树脂密封，起到保护内部芯线的作用。利用注入式电致发光原理制作的二极管叫做发光二极管，通称LED。此种灯具有显著的节能效果，使用寿命长，内置驱动控制器，能产生整体灯光变化效果，并安装特殊的散热设计，防护等级高、稳定可靠，完全能达到绿色环保的要求。它可以达到其他灯光所不能实现的大范围、大场景的照明，适用于建筑物及立交桥、广场、街道、车站、码头、庭院、舞台、室内空间及娱乐场所等。

水立方艺术灯光景观就使用了50多万支LED灯，是全球标志性的景观灯光项目，水立方采用空腔内透光的照明方式，是目前世界上最大的膜结构建筑的LED景观照明方案。水立方照明中，在夜晚将最大程度展现它的玲珑剔透、迷人的特征，通过灯光赋予一种海水波澜般的动感照明效果，可模拟波光粼粼的水面，也可通过模拟光在水中的折射、透射和反射，模拟水下光感，从视觉上达到一定的进深感、体积感和浑然一体感。水波及其带来的光的变幻为必备主题。水立方可呈现出不同的"表情"、不同的亮度、不同的颜色。在夜晚，这个湛蓝色的水分子建筑是灯光设计的完美诠释，如图4-163所示。

图4-163　LED灯——水立方

任务六　室内色彩设计

一、室内色彩概述

（一）色的基本概念

1. 色彩的来源

色彩由物体光波反射率和光源的发射光谱决定。色彩是通过光的反射，反映到人眼中而产生的视觉现象。

2. 色彩的分类

色彩包括两类，即无彩色和有彩色。

（1）无彩色。即黑、白，以及由此两色混合而成的不同明度的灰色。

（2）有彩色。无彩色以外的颜色，红、黄、蓝三种颜色称为三原色，其他颜色都是这三种颜色调和所产生的。

3. 色彩的三要素

（1）色相：指各种颜色的名称，如图4-164所示。

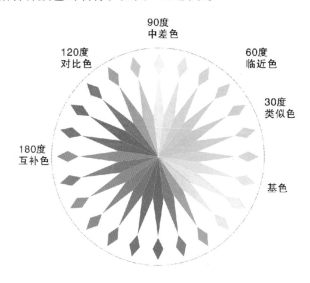

图4-164　色相环

（2）明度：色彩的明暗程度，又称光度。

（3）彩度：色彩的纯净饱和程度，也称纯度、饱和度。

4. 色彩的混合——调色

（1）原色。红、黄、蓝。

（2）间色。两种颜色调配而成。

（3）复色。两种间色调配而成。

5. 色调

（1）冷、暖色调。根据设计对象使用性质确定设计主色调。

（2）互补色调。原色与间色之间的对比关系。

（3）调合色调。相邻色相间的类似关系。

（二）色彩的含义与情感

1. 红色

红色是热烈、冲动、强有力的色彩，容易引起注意，具有较佳的明视效果，常被用来传达有活力、积极、热诚、温暖、前进等含义的企业形象与精神。另外，红色也常用作警告、危险、禁止、防火等标示用色，人们在一些场合或物品上，看到红色标示时，常不必仔细看内容，就能了解危险之意。在工业安全用色中，红色即是警告、危险、禁止、防火的指定色。

大红色色彩鲜艳，常用在跳跃的点的位置，如红旗、红丝带等；浅红色一般较为温柔、幼嫩，常用于新房的布置、孩童的衣饰等；深红色一般可以作为衬托，有比较深沉

173

热烈的感觉。红色与浅黄色最为匹配，大红色与绿色、蓝色（尤其是深一点的蓝色）相斥，但是色彩面积相得当的话，会出现意想不到的效果，如图4-165所示；红色与奶黄色、灰色为中性搭配。

图4-165　红色与绿色的色彩搭配

2.橙色

橙色又称作橘红色或橘黄色，是欢快活泼的光亮色彩，是暖色系中最温暖的色，它是使人联想到金色的秋天，丰硕的果实中香、甜、略带酸味的色，使人感觉充足、饱满、成熟、有营养，是一种富足、快乐而幸福的颜色。橙色又是霞光、灯火、鲜花色，具有明亮、华丽、健康向上、兴奋、温暖、愉快、芳香、辉煌的意义。橙色明视度高，在工业安全用色中，橙色是警戒色，如火车头、登山服饰、背包、救生衣等。在室内设计中橙色一般可作为喜庆场所的主体颜色，适合快餐店、娱乐场所、儿童房、餐厅等空间，照明的灯光颜色偏橙色，能使食物色彩更加诱人，可以增加食欲，如图4-166所示。

图4-166　橙色的餐饮店

橙色稍稍加入黑色或白色，会变成一种稳重、含蓄又明快的暖色，但混入较多的黑色就成为一种烧焦的色；橙色中加入较多的白色会带来一种甜腻的感觉。橙色与浅绿色和浅蓝色相配，可以构成最明亮、最欢快的色彩。橙色与淡黄色相配有一种很舒服的过渡感。橙色一般不能与紫色或深蓝色等相配，这将给人一种不干净、晦涩的感觉。

3. 黄色

黄色是色彩明度最高的颜色，它灿烂、辉煌，有着太阳般的光辉，象征照亮黑暗的智慧之光，并给人丰硕、甜美的感觉，同时也是一种吸引食欲的颜色。黄色有着金色的光芒，象征着财富和权力，它是骄傲的色彩，帝王及宗教领袖以黄色为服饰的主体色调，宫殿与庙宇以金、黄色为主体色彩，蕴含崇高、智慧、神秘、华贵、威严和慈善的象征含义，如图4-167所示。黄色同时也有酸涩、颓废、病态和反常的一面。在工业用色上，黄色常用来警告危险或提醒注意，如交通标志上的黄灯、工程用的大型机器、学生的雨衣与雨鞋等。

图4-167 以黄色为主的欧洲宫廷室内装饰

黄色在黑色和紫色的衬托下，可以达到力量无限扩大的效果；黄色和绿色搭配，显得美丽、清新；浅黄色与深黄色相配显得更为高雅；淡黄色几乎能与所有的颜色相配，但如果要醒目，不能放在其他的浅色上，尤其是白色；深黄色一般不能与深红色及深紫色相配，也不适合与黑色相配，因为它会使人有脏兮兮的感觉。

4. 绿色

绿色是最有生机和活力的颜色，同时代表了安全、青春、幼稚、自然、环保等，绿色具有旺盛的生命力，能表现活力与希望，如图4-168所示。在商业设计中，绿色所传达的清爽、理想、希望、生长的意象，符合了服务业、卫生保健业的要求；在工厂中为了避免工作时眼睛疲劳，许多工作的机械设备也采用绿色；一般的医疗机械场所，也常采用绿色作为空间色彩规划，表示医疗用品。

图4-168 绿色为主的专卖店

鲜艳的绿色是一种非常美丽、优雅的颜色，它生机勃勃，象征着生命。绿色彰显的宽容、大度，几乎能容纳所有的颜色。绿色的用途极为广阔，无论是童年、青年、中年，还是老年，使用绿色均不失其大方、活泼，在各种装饰中都离不开绿色。它还可以作为一种休闲的颜色。绿色中掺入黄色为黄绿色，它单纯、年轻；绿色中掺入灰色，仍是一种宁静、平和的色彩，就像暮色中的森林或晨雾中的田野；深绿色和浅绿色相配有一种和谐、安宁的感觉，浅绿色与黑色相配，显得美丽、大方；绿色与浅红色相配，象征着春天的到来。

5. 蓝色

蓝色是博大的色彩，辽阔天空和大海的景色都呈蔚蓝色，蓝色是永恒的象征，它是最冷的色彩。纯净的蓝色表现出一种美丽、文静、理智、安详与纯净。现代人把它作为科学探讨领域，蓝色成为现代科学象征色，给人以冷静、沉思、具有理智、准确的意象。在商业设计中，强调科技、效率的商业或企业形象，大多选用蓝色当标准色或企业色，如电脑、汽车、影印机、摄影器材、医院、卫生设备的装饰，或者夏日的衣饰、窗帘等。在商业美术中，蓝色不能引起食欲，却能表示寒冷，成为冷冻食品标志色。另外，蓝色也代表忧郁，这是受了西方文化的影响，这个意象在文学作品中体现。

由于蓝色沉稳的特性，不同的蓝色与白色搭配，表现出明朗、清爽与纯洁，如图4-169所示；蓝色与黄色相配，对比度大，较为明快；大块的蓝色一般不与绿色相配，它们只能相互渗入，变成蓝绿色、湖蓝色或青色，这也是令人陶醉的颜色；浅蓝色与黑色相配，显得庄重、老成、有修养。深蓝色不能与深红色、紫红色、深棕色和黑色相配，因为这样既无对比度，也无明快度，只有一种脏兮兮、乱糟糟的感觉。

图4-169　蓝色与白色搭配的室内装饰效果

6. 紫色

由于紫色具有强烈的女性化性格，代表浪漫、爱情，美丽而又神秘，给人深刻的印象，它既富有威胁性，又富有鼓舞性，是象征虔诚的色相。在可见光谱中，紫色波长最短，穿透力较弱，眼睛对紫色光的细微变化分辨力弱，容易感到疲劳。

紫色处于冷暖之间游离不定的状态，加上它的低明度性质，构成了这一色彩心理上的消极感。紫色不能容纳许多色彩，但它可以容纳许多淡色的层次，一个暗的纯紫色只要加入少量的白色，就会变为一种十分优美、柔和的色彩，如图4-170所示。灰暗紫色则是伤痛、疾病的联想，容易造成心理上的忧郁、痛苦和不安，同时淡紫色容易让人联想到鱼胆的苦涩，具有表现苦、毒、恐怖的功能。

图4-170 暗的纯紫色加入少量的白色

7. 褐色

褐色通常用来表现原始材料的质感，如麻、木材、竹片、软木等，或用来传达某些饮品原料的色泽与味感，如咖啡、茶、麦类等，或者强调格调古典优雅的氛围。褐色包括在土色系列中，土色是指土黄、土绿、赭石、熟褐一类的可见光谱上没有的混合色，它们是土地的色，给人感觉博大、稳定、沉着、保守、寂寞，这也是强健的劳动者与运动员的肤色，不怕烈日酷寒、风吹雨淋，刚劲、健美。这些颜色是很多植物的果实与块茎的色，充实、饱满、肥美，给人以朴素、实惠和不哗众取宠的印象。土色系列用在室内空间中能烘托出环境的高档。不仅木制材料土色成分多，各种壁纸的颜色中，土色占的比例也比较多，老人居住的空间、办公空间等场所都适合此种颜色为主体系，当然还需要其他颜色互相搭配才能起到室内空间颜色调和统一的效果，如图4-171所示。

图4-171 以褐色为主的老人居住的空间

8. 白色

白色象征纯洁、神圣、纯净，具有高级、科技的意象，通常需和其他色彩搭配使用。纯白色会带给人寒冷、严峻的感觉，所以在使用白色时，都会掺一些其他的色彩，如象牙白、米白、乳白等。白颜色的色彩心理有很大的差别，在中国有戴白花、挂白色挽联、送白花圈的习俗，这里白色突出一个素字，表示对死者尊重、同情、哀悼缅怀，由于白色与丧事习惯性联系，有哀伤与不幸的感觉；在西方，特别是欧美，白色是结婚礼服的色彩，表示爱情纯洁与坚贞。在室内设计领域，白色是永远流行的主要色，可以和任何颜色作搭配，如图4-172所示。

图4-172　以白色为主与其他色彩搭配的效果

9. 黑色

黑色具有高贵、稳重、绅士、科技的意象，是许多科技产品的用色，如电视、汽车、摄影机、音响、仪器的色彩，大多采用黑色。黑色具备积极和消极意义，漆黑之夜或漆黑的地方，人们会有失去方向，失去办法，阴森、恐怖、烦恼、忧伤、消极、沉睡、悲痛，甚至死亡的印象，这是消极类。还有积极类，黑色使人得到休息、安静、沉思、坚持、准备、考虑，显得严肃、庄严、坚毅。在其他方面，黑色有庄严的意象，也常用在一些特殊场合的空间设计。生活用品和服饰设计大多利用黑色来塑造高贵的形象，也是一种永远流行的主要颜色，适合和许多色彩搭配，但在室内设计中，常用于公共场所的局部色彩点缀，不能设计成完全的黑色空间，使人感觉非常压抑，更不适合在家庭装修中作为主体色调。

10. 灰色

灰色具有柔和、高雅的意象，而且属于中间性格，男女皆能接受；灰色也是永远流行的主要颜色，许多的高科技产品，尤其是和金属材料有关的产品，几乎都采用灰色来传达高级科技的形象。使用灰色时，大都利用不同的层次变化组合或搭配其他纯度高的色彩，才不会过于单一、沉闷。从生理上看，它对眼睛刺激适中，既不眩目也不暗淡，属于视觉最不容易感到疲劳的颜色。因此，视觉以及心理对它反应平淡、乏味、抑制、枯燥、单调，没有兴趣甚至沉闷、寂寞、颓废。

黑、白、灰在色彩中属于无彩色，但在色彩搭配色中占有相当主要的地位，它们活跃在各种配色中，最大限度地改变对方的明度、亮度与色相，产生出多层次、多品种的优美色彩，因此它们是绝不能被忽视的无色彩，如图4-173所示。

图4-173 黑、白、灰的室内

11. 光泽色

光泽色是质地坚实表层光滑，反光能力很强的物体的颜色，主要指金、银、铁、铬、塑料、有机玻璃，以及彩色玻璃的颜色。这些色光反应敏锐，在恰当角度时，会感到亮度很高；换一个角度，又会感到亮度很低。其中，金、银属于金属色，容易给人以辉煌、高级、珍贵、华丽、活跃的印象。塑料、有机玻璃、电化铝等是近代工业技术的产物，容易给人以时髦、讲究、有现代感的印象。光泽色属于装饰功能与使用功能都特别强的色彩，广泛应用于建筑设计及室内设计中，是设计色彩中不可缺少的颜色，如图4-174所示。

图4-174 光泽色在室内装饰中的运用

（三）色彩设计的形成

远古以来我们的先辈在与神秘而绮丽的大自然相存中，五彩缤纷、千变万化的大自然色彩，使他们产生惊喜与恐惑的情感。

我们的祖先最初学会使用色彩，是在15万~20万年前的冰河时代，死去的动物或人的尸体埋在红土中，被涂抹上了红色的粉；一场神秘的森林大火，红色的火焰惊天动地，令人恐慌，而动物在死亡之前喷射的血流和胎儿从母体降生时伴随着的血等，使我们的祖先相信了红色具有一种生命的魔力。于是，人们在自己的身体和脸上，在石器上涂上红土黑泥来装扮自己。

随着人类不断地理解和使用色彩，约在公元前15 000年间，穴居在洞窟中以狩猎为

室内设计原理

生的先辈们，在洞窟的石壁上和顶棚上用色彩来描绘与人类息息相关的动物壁画。这可视为人类最早懂得在自己的居住环境里对色彩进行"设计"。如著名的西班牙阿尔塔米拉山洞动物壁画和法国的拉斯科洞窟动物壁画等。

在我国的唐宋时期，由于经济文化的高度发展和受到外来文化的影响，在建筑的室内外，色彩的运用比任何时期都显得华丽而富贵，常采用红、青绿、黄褐等色来装饰建筑室内外。朱门白墙、金銮宝殿、雕刻彩绘、书法艺术装饰效果，创造了具有民族特色的中式古典风格，也形成了独特的室内色彩装饰风格，如图4-175所示。

图4-175　民族特色的中式风格

18世纪，随着欧洲工业革命的到来，科学技术的发展使人类对色彩在自身环境内的重要性认识越来越清楚，新材料、新技术和大工业生产带来了对环境色彩新的认识和处理，也开拓了室内环境色彩运用的新领域。总之，无论过去、现在还是将来，在人类生存居住的环境中，色彩将永远伴随着我们，室内环境色彩的"设计"也将是一个永恒的课题。

二、室内色彩的心理效应

任何一种设计都离不开色彩，日本有些学者将人的色彩感受概括为七种，即冷暖感、轻重感、软硬感、强弱感、明暗感、宁静兴奋感和质朴华美感。这些感受，有些取决于色彩本身维度（明度、纯度和浓度），有些涉及视觉质感（视觉质感指能看到的质感，这种视觉质感吸引我们去亲手触摸，或者说通过质感产生视觉上的感觉），而有些联系到色彩情感效应和色彩形成特征。

（一）色彩的感情

1.色彩冷暖感

色彩冷暖，来源于色光的物理特征，更大量来源于人们对色光的印象和心理联想，而眼睛对于色彩冷暖的判断，主要依赖联想，色彩冷暖感觉与人的生活经验和心理联想有联系。从色彩心理学考虑，一般把橘红色定为最暖色，称为暖极；把天蓝色定为最冷色，称为冷极。与暖极相近的颜色称暖色，与冷极相近的颜色称冷色，与两极距离相近的各色，称为冷暖中性色。红、橙、黄属暖色，蓝绿、蓝紫属于冷色，黑、白、灰、绿、紫属于中性色。（在色彩心理学中，一般黑色属于偏暖，白色属于偏冷，即白冷黑暖概念。）

2.色彩的前进与后退

在相同的距离看颜色，有的颜色相较实际颜色显得近，称前进色；有的颜色显得往后退，称为后退色。暖色调有迫近感或膨大感，让人看起来比实际位置靠前，比实际面积大一些，属于前进色；冷色调有后退感或收缩感，属于后退色。红、橙、黄三色既是暖色又是前进色，前进色同时又是膨胀色，冷色、后退色同时具备收缩色特性。色彩的前进与后退用在室内设计中经常起到调节空间的作用，利用色彩的前进与后退特性调节各种不同功能的大小空间。

3.色彩轻重感

一般来说，明度高的颜色给人明快的感觉，色彩感觉轻；明度低的颜色给人感觉沉重；暖色给人感觉偏轻，密度大；冷色给人感觉偏重，密度小。但色彩的明度对轻重影响比色相影响大。

4.色彩的明暗感

色彩明暗感主要因为白、黄、橙等色彩给人以心理上明亮的感觉，而紫、青、黑等重色（冷色）给人以心理上的灰暗感觉，主要与人们生活的联想相关。看到白、黄、橙色想到的是白天，黄色灯、橙红色火等给人以心理上明亮的感觉；而看到青、紫、黑联想到黑夜、丧礼礼服等，给人以黑暗感觉。

5.色彩的宁静兴奋感

红色有激起人们兴奋感的作用，蓝色则有平静作用。红色、橙红色、黄色、红紫色等刺激人心理产生兴奋感，常用于娱乐场所、酒店、商业空间等，通过夸张的色彩吸引观众的兴趣；青、绿、紫、黑色则有令人平静的作用，适合优雅的宁静的空间环境。

6.色彩的联想及功能

色彩联想指设计色彩对眼睛及心理的作用，包括明度、色相、纯度、对比等刺激作用，给人留下的印象、象征意义及情感影响，把色彩表现力、视觉作用及心理影响最充分地发挥出来，给人眼睛与心灵以充分愉快的刺激和美的享受。如红色让人联想到热情、革命、危险，具体联想到火、血、果实等；橙色让人联想到华美、温情、嫉妒，具体联想到橘橙、收获、秋天；黄色让人联想到光明、活泼、快乐，具体联想到光、柠檬、秋叶；绿色让人联想到和平、成长、安宁，具体联想到植物、大地、田园；蓝色让人联想到沉静、悠远、理想，具体联想到水、海、天空；紫色让人联想到优雅、高贵、神秘，具体联想到葡萄、薰衣草；白色让人联想到纯洁、神圣、虚幻，具体联想到百合、雪山、白云；灰色让人联想到平凡、忧郁、朴实，具体联想到乌云、水泥、阴天；黑色让人联想到严肃、死亡、罪恶，具体联想到煤、夜等。

（二）色彩对比

色与色相邻时，与单独看见该色的感觉不一样，我们称之为色彩的对比。

1.同时对比现象

眼睛观看物体时，对任何一种颜色有同时要求互补色的现象，两色并置时双方都在将对方推向自己的相对补色。因此，绿底子上的黑色图案带有一些红味，而紫底子的黑色则有一定的黄味。同一种颜色先放到白色背景上，再放到黑色背景上，便给人以不同色度错觉，放在白色上显得暗，放在黑色上显得亮。同样，放在黄色背景上红色显得暗，放在蓝色背景上红色就显得明亮些。除了非常暗淡的色彩外，一般色彩在暗背景上，总是显得极为强烈。把一种色彩置于白色背景中总能获得简洁效果，所有色彩在白色背景上都显得暗淡些，而淡色由于黑背景衬托本身颜色会加强。

2.连续对比现象

一个人在较长时间内观看一块暖色调展示板之后，再看展示板旁边的白墙，会感到墙面偏冷。这是一种所谓的连续对比色觉现象，是由于连续条件下或者连续运动过程中眼睛对事先已适应的色彩继而需求其相对补色引起的。

（三）色彩的调和构成

在色彩设计中，两色或者两色以上并置一起，视觉给人以愉悦感，就叫调和。色彩的调和与对比一样，都是色彩设计中的一种构成法则，对比中求调和，调和中求对比，使之达到完美、和谐的色彩视觉感受。色彩调和分为以下几种：

（1）主色调的调和。

（2）色彩的连续性调和。

（3）色彩的均衡调和。

（四）室内色彩调节功能

室内空间色彩调节就是对建筑物的内部空间、交通环境、可视物体设备等搭配色彩时，利用色彩所具有的心理、生理、物理的性质，并与其他物质调节手段一起，为人类居住生活、工作环境提供舒适、赏心悦目的配色设计。

如在朝南的房间适宜设计为冷调，因为朝南的房间能感到阳光的直射，而朝北的房间适宜设计为暖调。另外，在一些冷藏工作环境的室内，使用暖色调更宜于人在低温下工作，而在高温锅炉、钢铁炉等炎热的室内环境中，设计为冷色调，更能求得人的心理平衡，利于工作效率的提高。在精神病院的病室里，宜用恬静的偏灰冷色调，使患者能在平静的色彩环境里得到安宁。还有，在各种公共娱乐场所，如舞厅、卡拉OK厅、酒吧等，为使人心情活跃，调动情趣，在环境色彩设计时，可设计较为强烈、令人兴奋的色彩。

三、室内色彩的搭配

（一）室内色彩设计的要求与原则

1.室内色彩分类

（1）作为大面积的色彩，对其他室内物件起衬托作用的背景色。

（2）在背景色衬托下，以在室内占统治地位的家具为主体色。

（3）作为室内重点装饰和点缀的面积，小却非常突出的重点色。

2.室内色彩关系

在室内环境中，色彩的对比实质上是背景色（墙面）与主体色、主体色与重点色的色彩属性之间的对比，及所形成的所有空间色彩关系。

3.室内色彩的基本要求

（1）充分考虑功能要求——空间使用目的、人的性格特征、年龄，使设计更加科学化、艺术化。

（2）符合构图法则——形式美法则。

（3）注意色彩与材料、照明的配合。质感不同，色彩也不同，充分运用材料本色体现出自然、清新的装饰特点。

（4）把握色彩的地域性、民族性。

4.室内色彩的设计原则

当进行室内设计时，确定好室内的风格特征后，就要考虑色彩的搭配，用一个整体的配色方案来确定装修材料和室内物体、家具以及饰品的选择。

色彩搭配有如下几点技巧与原则：

（1）空间主要位置配色不得超过三种，其中白色、黑色不算色。

（2）金色、银色可以与任何颜色相配衬。金色不包括黄色，银色不包括灰白色。

（3）室内居住空间最佳色彩搭配为：墙浅、地中、家具深。

（4）天花板的颜色必须浅于地面或墙面，也可以局部颜色深过地面、墙面，但不要面积过大。

（5）非封闭的连续贯穿的空间，在功能相同的情况下，尽量使用同一配色方案，特殊功能分区可以通过造型或者颜色的变化分隔空间。

（二）室内环境色彩设计

室内环境色彩设计，就是在室内环境设计中，根据设计的具体要求和艺术规律来选择色彩，使色彩在室内环境的空间位置和相互关系中，按色彩学的规律进行合理的配置和组合。

1.室内环境色彩设计所包含的范围

（1）天棚、墙界、地面的色彩设计。

（2）物体（家具及其他可视物品）的色彩设计。

（3）光与色的设计。

2.色彩在室内设计中的作用

（1）物理作用：通过视觉系统带来主要感觉的变化，如温度感、距离感、体量感、重量感。

（2）心理作用：影响人的情绪、联想、悦目性、情感性。

（3）调节作用：主要取决于色彩明、暗度，以此调节光线、调节空间。

3.室内环境色彩的内容

室内设计中色彩和人的情感最易沟通，色彩和人的感情是连在一起的。环境色彩包括以下几个方面：

（1）自然环境色彩。指自然界中存在的物质固有颜色。

（2）人文环境色彩。包括社会历史色彩、宗教文化色彩、科学色彩。

由于国家、民族、地理气候环境、宗教信仰、文化背景和个体需求等因素不同，人们对色彩的认识和情感也有差异，因此对环境设计的色彩风格和形式要求也不同。如黄色在佛教中意味着超凡脱俗，而在回教中，却是死亡的象征。作为设计工作者更应该去了解、把握这些色彩环境对人的生理和心理的影响，将个人的审美意识与环境色彩设计的具体内容统一起来，才能设计出极富创意的环境色彩。

（3）人为环境色彩。即设计环境色彩，这是设计者根据环境设计的要求，对环境中各类物理对象的色彩进行新的创造和设计。往往带有设计者很强的主观因素，也体现出设计者自身的设计能力。

（三）室内环境色彩设计方法

室内空间的色彩设计，是一个多空间、多物体的构成，涉及的色彩搭配调和比较复杂，空间受光线、材料颜色、物体自身颜色、人为因素等诸多因素的影响，其色彩表现为多色性，各部分色彩关系复杂，既相互联系又相互制约。同时，室内环境中各色彩之间，并不是孤立的，而是相互影响和制约的，处于一定的对比和调和的关系之中，设计时一定要全面、宏观地看问题。

1.统一处理的方法

在室内环境中，各种色彩相互作用于空间中，和谐与对比是最根本的关系，色彩的色相、明度和纯度之间的靠近，会产生一种统一感，但要避免过于平淡、沉闷与单调。棚、墙、地与物体间，物体与物体间的色彩如何构成协调，使室内设计的色彩达到既有变化又有调和统一，以此构成一个有机的色彩空间，是室内环境色彩设计需解决的重要问题。

2.以满足室内空间功能为主的方法

室内不同的空间有着不同的使用功能，也要随着功能空间的差异设计不同的色彩关系。如可以利用色彩的明暗度来创造气氛，高明度色彩可获得光彩夺目的空间气氛；低明度的色彩和较暗的灯光装饰，会给人一种私密的温馨之感；办公室、居室等空间的色彩在某些方面直接影响人的生活，因此使用纯度较低的各种颜色可以获得一种安静、柔和、舒适的空间气氛，纯度较高、鲜艳的色彩则可以获得一种欢快、活泼与愉快的空间气氛。

3.考虑人的情感因素

做任何设计时，都要根据客户的性格和年龄判断其对色彩的喜好，不同的色彩会给人心理带来不同的感觉，所以在确定居室与饰物的色彩时，要考虑人们的感情因素。通常，外向型性格的人对色彩比较敏感，内向型性格的人对色彩感觉较弱，外向型人喜欢对比色、暖色，内向型人喜欢同类色、冷色；年轻人喜欢纯度高的颜色，老年人喜欢色彩平和的素色；儿童适合纯度较高的浅蓝、粉红色系；运动员适合浅蓝、浅绿等颜色，以解除兴奋与疲劳；军人可用鲜艳色彩调剂军营单调的生活色彩；艺术家可以设计抽象的色彩关系等。

4.调子配色方法

当两种或两种以上颜色有秩序、和谐地组织在一起时，色彩变化丰富，同时也使人的心情发生改变，根据色彩的色相、明度、纯度特征，总结出色彩的和谐规律，形成了调子配色法。常用的方法是选择某一色彩作为房间的主基调，其他色彩与之形成一致的倾向，并在色相、明度或纯度上作为强调色，最后形成统一的色调。主色调与辅色调是相互映衬的，这两种室内色彩要求在统一的基础上求变化，形成一定的韵律和节奏感。

5.对比配色方法

对比配色与调子配色原理相同，色彩搭配时选择对比色的运用，以某一颜色为主体色，通过明度或者纯度调节来应用于不同的界面，再选择主体色的对比色为强调色，在空间中起到强调和点缀的作用，如图4-176所示。

图4-176　对比配色的室内空间

6.风格配色方法

室内设计的风格多种多样，每种风格都有独特的代表色彩，设计时根据不同的历史文化时期的风格特征和空间需求，有针对性地选择与风格统一的色彩，这样比较容易达到设计意图，较简洁地体现设计底蕴。

（四）装饰材料的色彩

装饰材料种类繁多，不同品种的材料不仅本身固有的颜色存在差异，并且通过施工处理后的颜色也存在很大的差距，装饰材料的色彩搭配与选择受以下几个因素的影响。

1.材料的肌理

肌理致密、细腻的材料会使色彩较为鲜明、肯定；反之，肌理粗犷、疏松会使色彩暗淡、浑浊。对于肌理的不同处理会影响色彩的表达，如一种木纹材料，使用清漆和使用亚光漆饰面所表现出的色彩效果就有所不同。清漆饰面的木质材料色彩纯度稍高、反光度高。通常情况下，粗糙的物体表面杂乱的反射会使色彩纯度降低，但明度就不受光滑与粗糙的影响，光滑物体表面会反光，抑制色相的显示。

2.材料的冷暖感觉

金属、玻璃、石材、镜面、不锈钢等材料给人冰冷的质感，呈现出冷色调的感觉；布织物、毛皮触感温暖，属于暖质材料，给人温暖的感觉。木材属于中性材料，色彩感觉和木材纹理、饰面等有很大的关系。

（五）室内色彩搭配

1.黑白灰搭配

黑与白的搭配可以营造出强烈的视觉冲突效果，抛却另类奢华，可以营造出类似黑白老照片的经典怀旧感觉。但黑白颜色分配不要过于均匀，否则会造成眼花缭乱、烦躁的感觉。黑白相配的空间不容易把握，把灰色融入其中，缓和黑与白的视觉冲突感觉，从而营造出另外一种不同的风格，是近年来比较流行的室内色彩搭配，很多时尚人士很喜欢。三种颜色搭配出来的空间中，充满冷调的现代时尚感，在这种色彩情境中，会由简单而产生出理性、秩序与专业感，灰色为主调，其他颜色为辅的搭配也能渲染出时尚前卫的色彩效果，如图4-177所示。

图4-177　黑白灰搭配的浴室

2. 蓝白搭配

一般人在居家中，不太敢尝试过于大胆的颜色，认为还是使用白色比较安全。近几年流行的地中海和东南亚装饰风格改变了人们单一白色的运用，可以加上不同明度的蓝配色，就像海和白色的沙滩，体现出一种浪漫休闲的生活氛围，如图4-178所示。

（a）　　　　　　　　　　　　　　　　（b）

图4-178　蓝白搭配

3. 红黑搭配

红色是很热烈的颜色，它喜庆、火爆、热烈，用于室内空间中能够形成强烈的视觉冲击力，但红色处理不当，就会使空间变得烦躁，适当掺入黑色或者灰色与其搭配，来缓解红色的艳丽，同时又能体现出空间的现代与时尚，如图4-179所示。

186

图4-179　红色中掺入些黑色

4. 黄绿搭配

室内墙面最容易被设计成黄色为主的色彩，表现出空间的一种温暖柔和，是目前居室设计比较时尚的做法。柔和一些的绿色会让人内心感觉平静，与黄色配合能体现出轻快的感觉，让空间看起来稍微沉稳，比较适合年轻人的生活方式，如图4-180所示。

图4-180　黄绿搭配

5. 中性暖色

中性暖色系列色彩比较含蓄，是令人愉快和平衡的颜色选择。中性暖色指的是如褐色、乳黄、土红、咖啡色等比较温和的色彩。这些色调优雅、朴素，配以白色的木线整洁而简约，配以深色的木质材料则庄重而不失雅致。

6. 中性冷色

中性冷色指绿色或者蓝色的过渡色，和夹杂在它们之间的不同纯度的灰色。这些颜色通常被使用在现代材料上，如铝、不锈钢、玻璃等，这些颜色与高科技、智能化等一切时尚、现代有关的设计联系紧密。

7. 素色

素色不是单纯的指白色，也不是说不能出现彩色，它可以是白色、黑色，甚至任何颜色，但这种颜色给人的感觉不是浓艳强烈的，而是宁静干脆的，在色彩的运用上需要突出"素"字。素色主要指颜色清淡单纯的白色、黑色、灰色、淡彩色等色系，素色空间在视觉上有扩大和延伸的效果，所以可以很好地利用素色扩大空间，给人宁静感。但搭配不好，素色往往会显得有些呆板，最好的方法是能突出"素"的颜色一定要少，主体不能超过两种，作为点缀的其他颜色的面积一定要小，在整个设计中起到装饰和点睛的作用，但又不能破坏主体颜色，如图4-181所示。

（a）　　　　　　　　　　　　　　（b）

图4-181　素色搭配

（六）室内设计的流行色

在设计上，色彩的流行趋势称为流行色，一般是根据一个国家或者地区的某个阶段的流行趋势，由相关部门组织，每年定期地发布各时期的流行趋势。流行色最初来源于服装设计，该领域对于流行色的发布次数较多，涉及的范围较广。在我国，随着装饰装修行业的飞速发展，室内设计领域也由相关权威部门预测近期流行的装饰色彩，来追寻潮流的风向标。色彩的流行与室内设计的流行风格有很大关系，一种色彩流行过后，必然是向另一种颜色转变，它不是单一的，而是经过细致与柔和的处理后的一种比较雅致的风格趋势。近年国际上室内设计领域的流行色趋势具体如下。

1. 绿色

从生态的角度讲绿色的概念，并不一定是指颜色是绿色的。绿色设计被我们所熟知，以节约资源和保护环境为设计理念，强调人与自然的和谐共存。在这里绿色有两层含义，既包括节能环保理念也包括自然生态中存在的绿色。这就是国际上一些国家提出来的绿色的概念，包括偏灰的绿色、比较神秘的绿色，还有食物中的一些美味的绿色，还有加在一些科技的透明、半透明的材料里面的绿色。

2. 红色

红色在国际设计领域中越来越受到重视，尤其是在2008年奥运会举办之后，很多国家都认为，红色是中国的一种代表颜色，也是其他时尚的国家所要追捧的色彩，如图4-182、图4-183所示，红色的设计概念正悄然升起。

图4-182　2008年奥运会开幕式的中国红色彩

图4-183　2016年里约奥运会开幕式中国红

3. 电子科技产品的色彩

电脑、电子产品还有数码产品，这些信息时代的产物和人们的生活密不可分，现代人利用高科技的一些手段，创造更加丰富、绚烂、时尚、科技的非主流的色彩。

项目五 室内设计的程序

室内设计是一个理性的思考与有序的工作过程。正确的思维方法、合理的工作程序是顺利完成设计任务的保证。设计方法的研究、工作手段的完善是设计师的终身课题。然而，万事开头难，为了给室内设计的初学者打下一个初步的学习基础，本项目主要介绍室内设计的一般程序，并对室内设计中的具体方法作初步阐述。

任务一 设计准备阶段

一个空间在进行设计之前需要做大量的准备工作，这个阶段称作设计准备阶段。设计准备阶段主要包括前期调研准备两部分，其主要是为了更好地了解建设方或客户的设计意向，收集设计的基础资料，从而确定设计思路，如图5-1所示。

图5-1 设计准备阶段——设计师与业主沟通交流

一、前期调研准备

设计的前期调研包括设计空间所处的环境调研、同类型空间设计调研，以及对于该类空间的相关要求调研三个部分。

（一）环境调研

在前期调研阶段，首先要进行环境调研，即对设计空间所处的位置、周边环境及建筑环境和内部状况进行了解和考察，通过对设计的空间环境及周围情况进行相应的调查，了解该空间的优缺点及设计要点。再根据环境情况选取设计概念，使设计空间的风格尽可能与周边环境协调统一。环境调研就是根据掌握的资料，在熟悉设计任务书和有关资料的基础上，结合室内设计的意象环境要求，对特定的地方民俗、风情、历史、地域文化进行调查和体验，以利于创造具有民族文化底蕴的高品位的室内空间环境。通过对实际空间和环境进行实感体验，并对各种设备、管线、构件的特殊规格、位置、尺度进行具体勘测和拍照等，为日后的设计打下一个良好的基础。

（二）同类设计调研

设计空间的同类设计调研是看同类空间其他设计师是如何设计的。例如，设计一个餐饮空间，就要对同类餐饮空间的设计形式和风格进行了解，再根据甲方的要求以及户型特点和客户定位进行设计。对同类设计调研，可以根据图片进行分析，同时需要到实际空间进行考察，了解实际空间的尺度关系、材料运用、设备处理以及工艺结构等内容。这样，在调研过程中可以开阔设计师的眼界，提高设计水平和能力。因此，作为室内设计师，不仅要读万卷书，还要行千里路。有时候行千里路比读万卷书还更有收益。这也就解释了为什么有些设计师并未经过很正规的设计教育，却能设计出很好的作品，这与他的阅历和经历有关，同时体现出设计师的学习能力是很重要的。

（三）相关要求调研

在调研阶段，还要进行要求调研。首先要去研究相关的规范规程，每一种空间设计，国家都会有相应的规范，在设计之前，需要查国家规范进行参考。

在设计之前以及设计过程中，还需要与甲方进行沟通，详细地了解甲方的构想和特殊要求，包括设计的功能要求、使用对象、级别档次、投入资金、风格形式、设计期限、设计等级和近远期设想等，以进一步统筹和综合考虑意象、功能、技术、经济和建筑等多种因素，从而确定设计的计划，明确设计任务、目标及要求，并对设计时间和人员做出安排，为下一步构思提供系统而完整的资料和条件。通过了解甲方的需求和要求，才能在设计过程中有的放矢，解决设计中真正要解决的问题，设计出使用者满意的室内空间。有了这些了解和调研，就可以着手进行下一阶段的工作，即设计准备工作。

二、设计准备

设计前的准备主要是对相关资料的收集和主要问题的整理与提炼，以及设计时间的规划等。

（一）相关资料的收集

在设计准备工作中，首先要收集相关资料：

（1）国内同类设计现状；

（2）国外前沿情况；

（3）了解建筑的基本情况；

（4）了解业主的意图与要求；

（5）明确工作范围及相应范围的投资额；

（6）明确材料配套情况；

（7）实地调研和收集资料；

（8）拟定设计任务书。

根据所收集的资料给自己灵感的启发，迸发出设计的灵感与火花。

（二）主要问题的整理与提炼

设计准备阶段就是对解决的问题进行相应的整理与提炼，主要是接受委托任务书，签订合同，或者根据标书要求参加投标。要明确设计期限并制订设计计划进度，考虑各有关工种的配合与协调。同时明确设计任务和要求，清楚室内设计任务的使用性质、功能特点、设计规模、等级标准和总造价，根据任务的性质营造室内环境氛围、文化内涵或艺术风格等。此外，还要熟悉设计有关的规范和定额标准，收集分析必要的资料和信息，包括对现场的调查踏勘以及对同类型实例的参观等。在签订合同或制定投标文件时，还包括设计进度安排、设计费率标准（即室内设计收取业主设计费占室内装饰总投入资金的百分比）。有了这些方面的准备，设计师就清楚地知道自己需要做哪些工作，以及对这些工作的限定条件和要求标准，以便更好地确定设计思路。

此外，在对所需设计空间环境要解决问题的整理与提炼中很重要的一个内容是空间尺寸的测量和放图，这也是设计前非常重要的准备环节。在这一环节中，首先要对所设计的空间进行详细的测量，再通过测量好的尺寸平面简图，计算出所测量工地的总宽及总长并按此例绘出平面图。其次是检查柱与柱之间以及墙体结构之间是否对齐和交圈，若无法对齐或出现其他问题，应确定是原结构问题还是图面有误差。如果所测量的尺寸无法完成放图，则需要到现场重新测量，修正后再继续放图工作。尺寸图纸放完之后，再根据具体尺寸图进行后面的设计工作。

有些设计项目，甲方会提供一些建筑图纸，但设计师一定要去现场了解、核对和确认，检验现场与图纸是否存在误差，为日后的设计减少不必要的麻烦。

（三）设计时间的规划

在相关资料的收集和主要问题的整理与提炼之后，设计师还需要对设计时间进行规划，确定方案阶段的完成时限，明确都要解决哪些内容，再根据不同内容进行针对性的设计。

任务二　方案设计阶段

接到委托书后，需要分析有关的资料信息，熟悉设计的相关规范，了解业主的要求、设计的时间期限、造价要求等，在做好这些基本准备工作之后，即可进入具体方案的思考设计和功能构思的具体设计阶段，这个阶段被称作方案设计阶段，也称为初步设计阶段。构思的内容包括整体空间和部分空间的功能划分，以及空间意境、格调和环境气氛的想法和思考，这是整个设计的纲领，是设计过程中关键性的一环。方案设计阶段是在设计准备阶段的基础上，根据任务书的要求和建筑的具体条件进行思考，进一步收集、分析、运用与设计任务有关的资料与信息，构思立意，进行有创造性、有个性并能综合考虑多方面条件的初步方案设计，对方案要反复地进行分析、平衡和比较，然后确定总体意向。

一、设计方向的确立

一个方案的设计过程通常包括基本设计构思、意向图片参考、与甲方沟通、草图方案深化、多种方案比较、方案确立等步骤。

初步设计阶段前期，在各种准备工作的基础上，要进行大致设计思路的整理，确定设计空间的基本概念和设想，以及整体的空间氛围和感觉。对于这一阶段的工作，首先根据前期调研，做一些文字案头工作，把甲方的要求、环境的特点、空间的条件以及自己的想法进行一个梳理，确立预期达到的目标。再根据大致思路，收集对比一些参考图片，研究其设计的优缺点，然后经过对比整理，从中确定基本意向。在大致设计思路基本确定之后，需要与甲方进行协调沟通，向甲方说明自己的想法和思路，通过与甲方的有效沟通，确定大致的设计方向，然后就可以从图纸入手，做进一步的设计与深化，以达到预想的效果。

这一阶段的工作是进行设计构想和思考，通常情况下设计方案的构思都要经过从少到多再到少的过程，也就是在构思开始时从头脑中的空泛、单调到逐渐地充实、丰富，做到广开思路，然后在定案时精心推敲，去粗取精，做到少中见多、先放后收、能放能收。

设计方向确立之后，就可以进行具体的图纸分析和绘制工作，此时的图纸分析，主要以草图形式来做，包括平面布局草图、空间透视草图及预想效果草图等。

二、草图分析绘制

草图设计是一种综合性的作业过程，是把设计构思变为设计成果的第一步，也是各方面的构思通向现实的路径。无论是从空间组织的构思，还是色彩设计的比较，或者是装修细节的推敲，都可以以草图的形式来进行。对设计师来说，草图的绘制过程，实际上就是设计师思考的过程，也是设计师从抽象思考进入具体图形思考的过程。

草图分析的方法是与构思紧密相连的，要多次反复勾画平面布局草图、立面形式草图和透视效果图等各种空间形象的设计草图，同时结合参考资料和国家设计规范加以反复推敲和比较，逐步形成和深化方案。在这个过程中，要注意功能、技术和美学等方面各种要素间的辩证关系。对于草图构思，无论从平面草图、立面草图还是透视草图，哪方面入手都是允许的，但始终要注意调整各方面的主从、互补和有机统一的关系。在日常的设计工作中，一个好的构思或创意往往一开始并不是完整的，往往只是一个粗略的想法，只有在设计者的思考过程中配合大量的设计草图，不断深入和推翻，好的构思和创意才能逐渐地深化和完善。

（一）平面布局草图

由于室内空间面积是一个定值，在一个有限的空间内进行各种活动，并且每种活动对空间的要求也各不相同，这就需要对整体空间的平面布局进行规划与设计，合理地确定各部分的作用，避免相互影响和干扰。因此，在平面布局分析上首先必须进行整体空间的功能划分，以达到科学地利用空间。这就需要在设计之初进行平面布局草图的绘制，通过平面草图来分析和规划平面布局的功能分区，选择最为合理和适合的方案。

平面功能布局草图所要解决的问题，是室内空间设计中设计功能的重点。室内设计的平面功能分析是根据人的行为特征，在建筑内部界定空间中进行的。室内空间的平面布局基本表现为"动区"与"静区"两种形态，它包括平面的功能分区、交通流向、家具位置、陈设装饰、设备安装等各种因素。这些因素作用于室内空间，所产生的矛盾是多方面的。如何协调这些矛盾，使平面功能得到最佳配置，这是平面功能布局草图作业的主要课题，必须通过绘制大量的草图，经过反复的对比才能得出理想的平面。

平面功能布局图如图5-2所示，在一般人的眼中仅是线条、家具符号、设备符号等组合而成的图画。但事实上平面图所代表的是立体三维空间，换言之，平面图的绘制也就是室内空间的规划，由此可知平面布局在整个室内设计中的重要性。

图5-2 平面功能布局图

在测量尺寸放图工作完成后，通常会将放尺寸图的平面复印数张，或以图纸直接覆盖于平面图上，做平面配置的规划草图。在平面图上考虑各空间的用途，先根据动、静，公共与私密，主要空间与辅助空间等因素分出不同区域；再考虑各空间的组成、大小及用途，这个过程应依据甲方或者业主所给予的使用资料及需求进行规划。

平面功能的规划，尤其是大型公共空间需要进行多次的优化与对比，在数个平面配置草图中，逐一加以检查、修正后，绘出1～3个平面配置图，再一一与业主沟通、讲解，选择出一个相对最完美和最适合的方案。在沟通协调的过程中，除了口头叙述，资料、材料的说明外，常加以透视草图来辅助说明，这样更能让甲方或业主了解设计者的设计理念，也使设计者能更进一步了解甲方或者业主对自身室内空间的要求与品位。与甲方或业主充分沟通协调后，再进一步修正图面或确定方案，并完成平面布置图。

在平面规划图确定之后，就要考虑各空间形式和分隔方式。室内空间采用的分隔方式不同，空间的层次和变化的生动性也不一样。

现在空间分隔的方式主要有封闭式隔间、半开放式（半封闭式）隔间、开放式隔间、弹性隔间等。封闭式隔间也称为全隔间，这种空间分隔是把空间以砖墙、木制、石膏板分隔，或用高柜来分隔，其视线完全被阻隔，隔音性比较好，强调空间的私密性。半开放式（半封闭式）隔间又称为局部隔间，是指空间以隔屏，透空式的高柜、矮柜，不到顶的矮墙，或透空式的墙面分隔，其视线可相互透视，强调相邻空间之间的连续性与流动性。开放式隔间也称为象征式隔间，这种空间的分隔是把空间以建筑架构的梁柱、材质、色彩、绿化植物或地坪的高低等区分，其空间的分割性不明确，视线上无有形物的阻隔，但透过象征性的分隔，在心理层面上仍是分隔的两个空间。弹性隔间是两空间之间的分隔方式介于开放式隔间或半开放式隔间，在有特定目的时可利用暗拉门、拉门、活动帘、叠拉帘等方式分隔。例如，卧室兼起居室或儿童游戏空间，当有访客时将室门关闭，可成为一独立而又具私密性的空间。

空间分隔须考虑各空间之间的动线是否流畅，是否具有良好的动线连接，能否妥善地安排人们日常的生活作息。同时在空间分隔中，还要依据人体工程学将各种家具、设备及储藏等，在各空间内做合理且适当的安排。此外，还要考虑室内空间的自身条件，梁、柱、窗、空调位、空气对流性、采光及户外景观等因素在整个平面规划上的相对关系。要对这些因素进行综合的考虑和适当的处理。

（二）空间透视草图

空间透视草图，如图5-3所示。室内的空间形象构思是体现审美意识、表达空间艺术创造的主要内容，是概念设计阶段与平面功能布局设计相辅相成的另一面。空间形象的构思是不受任何限制的，应尽可能从多方面入手，把海阔天空跳跃式的设想迅速地落实于纸面，才能从众多的图相对比中得出符合需要的方案。由于室内是一个由界面围合

图5-3 透视草图

而成相对封闭的空间虚拟形体，因此空间形象的着眼点应主要放在空间虚拟形体的塑造上，同时注意协调由建筑构件、界面装修、陈设装饰、采光照明所构成的空间总体艺术气氛。

在设计的构想阶段，设计师往往会徒手绘制大量的透视图，从不同的角度入手，选择不同的材料和构造造型来进行比较，借助透视草图进行设计分析，检查设计的预想效果、推敲构造物之间的过渡关系、分析细部结构大样的做法、检验设备系统的安装与装修结构的配合关系等。这个阶段的透视图一般是徒手绘制的工作草图，比起平面草图，空间透视草图能够更加直观地分析空间的形象和相关形式，了解空间中各个元素之间的关系，检验查看各元素间的呼应与联系。

透视草图是设计师设计表达能力的重要体现。一般来说，设计师必须具备通过透视图去表达设计构思的能力，因为室内设计透视图的作图方法是根据透视的原理绘制的，只有这样才能达到反映的内容与实物相接近的目的。常用的室内设计透视图有一点透视图、成角透视图和鸟瞰透视图等。

（三）预想效果草图

在方案设计阶段后期，为了更好地理解设计的空间效果与色彩材质的运用情况，设计师在绘制设计透视草图时，把透视草图加入相应的色彩和材质感觉，使透视草图变为室内空间预想效果草图，具体针对平面布置的关系、空间的处理以及材料的运用、家具、照明和色彩等，做出进一步的考虑，以深化设计构思。通过空间预想效果草图能够更好地感受空间的实际效果和氛围，相对忠实地再现室内空间的真实情况。

空间预想效果草图可以根据设计内容的需要采用不同的绘图表现技法，如水彩、水粉或透明水色、马克笔、喷绘等表现技法，也可通过电脑软件来绘制电脑效果图，如图5-4～图5-6所示。当前空间效果图多用电脑软件来实现，虽也有手绘效果图，但那只能表现大致的感觉，虽然比电脑效果图多了一些灵气，但缺少了一些真实的感觉。

图5-4　水彩效果图

图5-5　马克笔效果图

图5-6　3D Max电脑软件效果图（刘鹏绘制）

三、方案沟通与确认

设计方案有了基本思路和大致意向之后，要与甲方进行有效的沟通，对方案的实际可行性进行分析，阐述方案的优缺点，以及对方案中所存在的问题提出进一步的解决方法和建议，以此来确定大致的设计方向和概念，再进行深度的设计与分析。

通过草图绘制对所设计方案进行分析与比较，这是对不同构思的几个方案进行功能、艺术效果以及经济等方面的比较，以确定正式实施方案。

在方案设计的最后阶段，要明确方案的整改确定，对装修结构进行分析，对设计空间中的材料、产品、设备进行多方位的选用和分析，然后与甲方对造价要求进行进一步的核定。

任务三　施工图设计阶段

初步设计方案经过审定后，即可进入施工图设计阶段。施工图设计具有双重作用：一方面它是设计概念的进一步深化，另一方面它又是设计表现最关键的环节。施工图作业以所在都市及国家标准为主要内容，这个标准是施工的唯一科学依据。再好的构思，再美的表现，如果离开标准的控制则可能面目全非。施工图作业以材料构造体系和空间尺度体系为基础。施工详图与方案相比，特别注重尺寸的精准和细节的详尽。尤其是一些特殊的节点和做法，一般要求以剖面详图的方式将重要的部位表现出来，画出正确的剖面详图，因此必要的构造与施工知识是不可欠缺的。细部尺度与图案样式在施工图中主要表现在细部节点详图中。研究和观摩已有的施工详图实例，是熟悉室内施工图画法的有效方法。

视觉形象信息准确无误的传递对施工图作业具有非常重要的意义。因此，平、立面图要绘制精确，符合国家制图规范；在室内设计的方案图作业中，平面图的表现内容与建筑平面图有所不同，建筑平面图只是表现空间界面的分隔，而室内平面图则要表现包括家具和陈设在内的所有内容。有的立面图也要表现固定家具，所以标注一定要准确、详尽。国家分别规定了建筑工程的制图规范和供图纸引用的图形标准及图示标准。图形标准包括图纸的大小、线条等级、引出线的画法、索引的标志、详图的标志等。图示标准包括各种材料、界面的转折、起伏变化的表示方式。

施工图纸是表述设计构思，指导生产的重要的技术文件。根据室内设计的特点，施工图设计阶段需要绘制出施工所必需的平面布置图、天花平面图、精装平面图、立面装配图、剖面图、节点详图、产品配套图表、预想效果图等图纸，还包括构造节点详图、细部大详图、设备管线图，以及编制施工说明和造价预算。

室内施工图如图5-7～图5-9所示。

一、平面布置图

平面布置图的绘制目的，是对室内空间做一个理性的、科学的、符合规律的功能区域划分，使之既能达到设计的适合性，又能达到使用的符合性。平面布置图设计的重点在于进行室内空间的规划，清晰地反映出各功能区域的安排、流动路线的组织、通道和间隔的设计、门窗的位置、固定和活动家具及装饰陈设品的布置等，设计出一个周到的、适用的室内使用空间。

通过平面布置图的设计，能确切地掌握室内空间的功能区域分布、各功能区域之间的关系、使用面积的分配、交通流动路线的组织等内容；了解设计的构想和理念；满足预算编制、施工组织、材料准备的要求和作为相关专业（如电气、给排水、暖通、通信、家具、艺术品等）进行设计的依据；确保相关审批内容表述清晰并保持与审批程序一致。绘制平面布置图的依据是原建筑设计图或现场测绘资料，因此取得第一手现场资料对平面布置图设计至关重要。需要掌握的现场情况有建筑物的朝向，建筑空间的总体

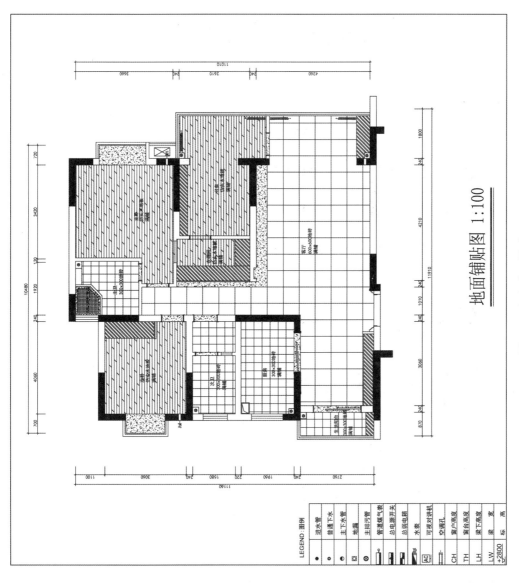

地面铺贴图 1:100

图5-7 室内地面铺贴图

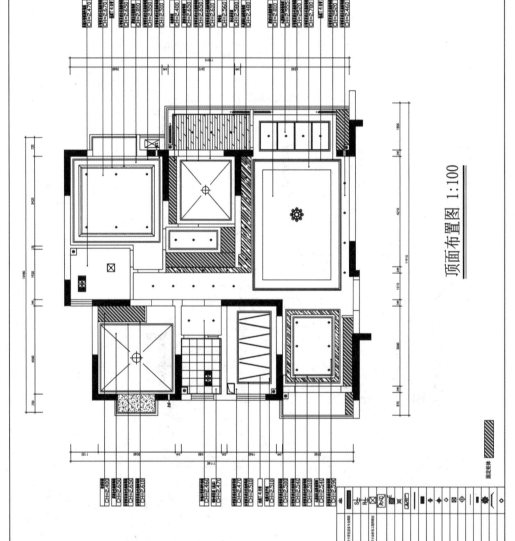

顶面布置图 1:100

图5-8　室内顶面布置图

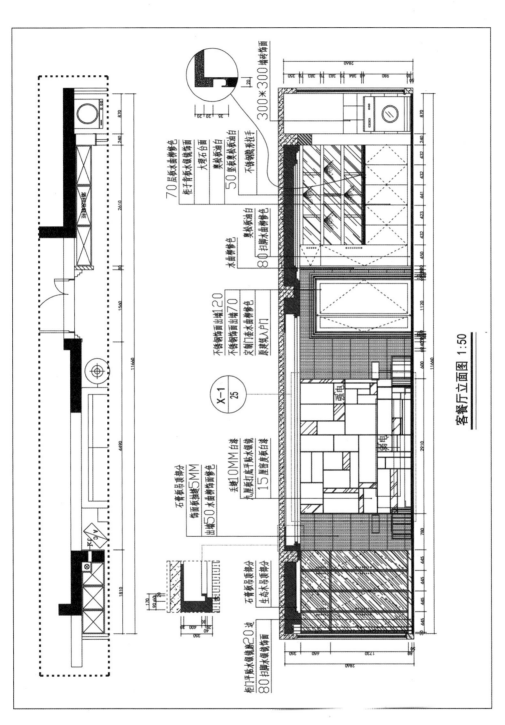

客餐厅立面图 1:50

图5-9　室内客餐厅立面图

尺寸，梁、柱、门窗等构造尺寸和位置尺寸，建筑物的结构情况，各种设备（如电气、给排水、暖通、煤气、综合布线等）的位置以及建筑物的周边环境状况。根据勘测的结果，绘制建筑现况图，并以此作为平面布置图的设计依据。

平面布置图是假设将一栋建筑物从水平方向剖开后所得的正投影图，通常它的剖切平面距地面高度为1 000~1 500 mm。在这个高度，可以剖到建筑物的许多主要构件。例如门、窗、墙、柱或较高的橱柜或冷（暖）气设备等。

绘制平面布置图要根据建筑物的规模和设计内容确定图幅和比例，根据建筑设计图和现场踏勘结果绘制建筑图，对不可变动的建筑结构、管道间、管道、配电房、消防设施一定要毫无遗漏地绘制出来，这样才能较清楚地表达出室内建筑配置关系，然后根据设计要求、设计的构想按间隔—装修构造—门窗—家具等顺序完成。

图形绘制完成后要进行标注和说明，标注必须扼要准确，使人们能迅速地掌握空间的规模和概貌。标注的内容包括尺寸标注、符号标注、文字标注。尺寸标注包括外形尺寸、轴线尺寸、结构尺寸、定位尺寸、地坪标高等；符号标注包括轴线符号、指向符号、索引符号、指北针等；文字标注是指编写所有的单元空间名称和编码、需说明的装修结构的名称、主要的地面材料、设计说明（包括主要材料的选用、主要的施工工艺要求、关键尺寸的控制、安装尺寸的调整等）。

二、天棚图

假设有一大面镜子铺在地面上，从这面镜子上所得到的映像，就是我们所通称的天棚图，所以天棚图实际上就是天棚的倒影图。天棚图要让客户能了解室内设计的构想，天花的造型和尺寸，材料的使用以及设备如灯具、冷气出风口、消防设备、安防设施的位置等；满足预算编制、施工组织、材料准备的要求和作为相关专业进行设计的依据；确保相关审批内容表述清晰并保持与审批程序一致。

由于现代建筑物的室内环境如照明、空调、安全、通信等主要是通过相关的设备、设施的运行实现的，为了达到室内空间使用目的，一般采用安装天花板来实现设备及管线的隐藏和为终端设备如灯具、空调风口、消防设施、安防设施等提供安装位置。因此，室内设计往往会很注意天花板的设计，并力图通过天花板的设计营造室内空间的氛围和表现其特点。由此可见，天棚图的主要内容就是体现天花板的造型、材料，以及灯具、冷气出风口、消防设备、安防设施的位置等。

绘制天棚图的依据是平面配置图、建筑结构图和相关的设备设计图，有条件的应取得第一手现场资料。对于现场情况，应该掌握的是建筑各种梁的位置和尺寸，现有各种设备管线的位置、走向、高度及消防设施的位置等。

绘制天棚图首先把整个建筑物的轮廓及内部间隔、接触到天花板的家具（如橱柜）、装修构造等绘制出来。然后，根据建筑构造的条件、设备管线的位置和室内设计的构想进行天花板的设计。对于建筑结构比较复杂或大型的设计，可以把梁的分布用细虚线绘制出来并加以标注，这样设计定位就会更准确。

天花板的设计首先要满足的是强制性设施如消防、安防等的要求；其次是达到创造室内空间环境的技术条件和要求，如照明、空调、隔音、检修等。室内设计则是根据客观的条件按既定的设计构想通过巧妙的设计构思进行造型设计，合理安排设备位置。通过天花板的设计，可以改善室内空间的观感，赋予特定的设计内涵。天棚图应该把天花板上的所有设备、设施用图例按实际位置绘制出来，把天花板造型和装修构造如天花角线、窗帘、帷幕、投影幕等予以准备表达。

图形绘制完成后要进行标注，通过标注对图形加以说明。天棚图尺寸标注必须清晰准确，尺寸的标注应充分考虑多专业多工种作业的要求。一般来说，室内设计必须提出建筑空间天花板的定位尺寸和装修构造的准确位置。标注的内容包括尺寸标注、符号标注、文字标注。尺寸标注包括外形尺寸、轴线尺寸、结构尺寸、定位尺寸、天花标高等；符号标注包括轴线符号、剖面符号、索引符号等；文字标注包括标注主要的装修材料和施工工艺要求，说明关键尺寸的控制、安装尺寸的调整等。由于所有灯具及各类设备在天花板图上均用抽象的图形符号表达。因此，为了达到使用的一致性，应该编列图例表，详细说明图例所代表的设备设施的规模、数量等。图例表一般安排在图幅的右下角。

三、平面图

平面图是平面布置图的辅助设计图，它重在装修施工设计和地面细部设计，主要表述的是间隔、门窗、装修构造、固定家具配套设施等的准确位置。同时，也包括地面铺贴的分格设计。装修平面图主要包括原结构图、结构改造图、地面铺装图、电位控制图等。装修平面图可以满足施工组织和施工准备的需要；满足材料物资的组织和施工安装的技术要求；通过地面设计，可以有效地控制地面的装修效果。

绘制平面图的依据是平面布置图和现场复核的测量资料。把平面布置图设计中活动的部分除去，就是绘制平面图的基础图，它与平面布置图的间隔、构造等完全一致。在这张基础图上，首先根据设计的构想进行地面铺贴的设计，地面铺贴设计必须综合考虑设计的形式、材料的规格、调节尺寸、固定尺寸，原则上每一个铺贴空间都应该留有调节尺寸；此外，还要注意使用材料的种类和装修材料的特征。当所有因素都确定后，就可以在图面上绘制定位基准线（与现场施工放线相同），再根据铺贴材料规格按比例绘出分格线。然后根据专业设计在装修平面图上标注地面设备设施的配置，如地漏、水沟、散水方向和坡度、地坪高差等。

由于平面图是通过标注对图形加以说明的，因此标注必须清晰准确，符合读图和施工的顺序；尺寸的标注应充分考虑现场施工及有关工艺要求，尽量避免一张图纸尺寸重复及施工过程中尺寸重新计算或度量。标注的内容包括尺寸标注、符号标注、文字标注。尺寸标注包括外形尺寸、轴线尺寸、结构尺寸、地坪标高、定位尺寸等。符号标注包括轴线符号、索引符号、指北针等。文字标注包括：保留单元空间名称和编码；标注所有的面材料及规格；编写设计说明，包括说明主要材料的选用、主要的施工工艺要求、关键尺寸的控制、安装尺寸的调整等。

四、立面展开图

立面展开图是室内设计的主要组成部分。通过立面展开图，可以清楚地反映室内立面的装修和构造，例如，门窗、壁橱、间隔、壁面、装饰物以及它们的设计形式、尺度、构件间的位置关系、装修材料、色彩运用等。通过立面展开图的设计控制空间尺度和比例，反映出室内立面装修构件的做法、尺寸、材料、工艺等，满足材料物资的组织和施工的技术要求。绘制立面展开图的依据是平面配置图、设计预想图和原建筑剖面图以及现场复核的门窗、墙柱、垂直管道、消防设施、暖气片等测量复核资料。

通常室内立面展开图要表达范围的宽度是各界面自室内空间的左墙内角到右墙内角；高度是自地平面到天花板底的距离。一般建筑物的室内空间至少有四个面，为了有序地把这些界面通过图形加以表达，通常我们习惯假设站在室内空间的中央并以顺时针方向看，则12点钟为A立面方向，3点钟为B立面方向，6点钟为C立面方向，9点钟为D立面方向。如遇到不规则的室内空间，则不受此限制。

立面展开图绘制的第一步是绘制设计范围图：确定要表达的图形，并按顺序把该面的范围和相关的门窗洞口绘制出来；第二步是立面设计：通常首先进行固定构件，如门窗、壁橱、墙柱、暖气罩、墙裙、墙面装饰装修、地脚线、天花角线等的装修设计；其次是进行陈列物品的设计，如壁灯、开关、窗帘、配画等的设计。对于有铺装分格要求的面，如面砖的分格、玻璃的分格、装饰物的分格等，都需按实际铺装分格绘制。

立面展开图的标注，主要是反映图形高度的尺寸和相关的尺寸，并对设计内容加以说明。标注必须清晰准确，符合读图和施工的顺序；尺寸的标注应充分考虑现场施工及有关工艺的要求。标注的内容包括尺寸标注、符号标注、文字标注。尺寸标注包括总高尺寸、定位尺寸、结构尺寸等。符号标注包括轴线符号、剖面符号、索引符号等。文字标注是指标注所有的饰面材料及规格；编写设计说明，包括说明主要材料的选用、主要的施工工艺要求、关键尺寸的控制、安装尺寸的调整等。

五、剖面图

剖面详图主要反映装修细部的材料使用、安装结构、施工工艺和细部尺寸。通过对剖面详图的设计和对装修细部的材料使用、安装结构和施工工艺进行分析，做出满足设计要求、符合施工工艺、达到最佳施工经济成本的方案。剖面详图应能作为控制施工质量、指导施工作业的依据。

绘制剖面详图的依据是建筑装修工程的相关标准、规范、做法以及室内设计中要求详尽反映的部位。通常在平面、天棚图、立体展开图设计中，就对需要进一步详细说明的部位标注索引，详图可以在本图绘制，也可以另图绘制或在标准图表中绘制。剖面详图有反映安装结构的，它表达的是安装基础—装修结构—装修基层—装修饰面的结构关系，如墙裙板、门套、干挂石墙等；有反映构件之间关系的，它表达的是构件—构件的关系，如石材的对拼、角线的安装等；有反映细部做法的，它表达的是细部的加工做法，如木线的线型、楼梯梯段的做法等。为了使剖面详图表达清晰，一般采用1:1～1:10的比例绘制。

绘制剖面详图必须要熟悉相关的工法、材料、工艺等，掌握施工和生产的过程；培养综合的设计能力；并运用标准的、专业的图形符号把图样详尽、清晰地表达出来。在绘制剖面详图时，通过深化设计会发现某些做法存在安装技术上的困难或某些尺寸必须加以调整的问题，对这些应追溯到前期的设计图加以调整。

剖面详图的标注，要注重安装尺寸和细部尺寸的标注，它是生产和施工的重要依据，主要是反映大样的构造、工艺尺寸、细部尺寸等。对大样要求的材料、工艺要加以详尽的说明，标注必须清晰准确，符合读图和施工的顺序；尺寸的标注应充分考虑到现场施工及有关工艺要求。标注的内容包括尺寸标注、符号标注、文字标注。尺寸标注包括构造尺寸、定位尺寸、结构尺寸、细部尺寸、工艺尺寸等；符号标注包括剖面符号、索引符号等。文字标注是指标注所有安装材料名称及规格、施工工艺要求、关键尺寸的控制、安装尺寸的调整等。

六、预想效果图

设计完成后，设计师需做出预想效果图来展现整个设计的预想效果，包括空间的尺度感、装修的风格和它的文化内涵、环境气氛、材料和色彩的运用、主要构造物的形式等。这个阶段的透视图可以是徒手绘制的，也可以是工具绘制或者计算机辅助绘制的电脑效果图。预想效果图是室内设计制图的一个组成部分，它所表达的内容与工程图所表达的内容是一致的，反映的内容与实物相接近。预想效果图是依据所有室内设计的基本资料，包括平面布置图、天棚图、立面图以及现场测绘等资料进行绘制的，根据透视原理的透视图能表现物体的三维空间，所表现的物体接近于实物拍摄效果，比较容易理解和接受。通过预想效果图可以有效地对设计内容进行深入细致的分析和展现设计的预想效果，它是进行设计实施、与客户交流和对工程施工理解的最好的图形表达方法。预想效果图要主题明确、切中要点、作图精细、简洁、扼要、准确，图纸表达的内容要把握重点，切忌盲目地罗列和堆砌。

在施工图各类图纸绘制结束后，还需要提供出相应的材料样板，对于所用施工材料及各种产品的品牌、规格进一步细化与明确。施工图完成后，各专业须相互校对，经审核无误后，才能作为正式施工的依据，在经过甲方、设计师以及施工方三方确认签字之后，即可开始施工，进入设计实施阶段。

任务四 设计实施阶段

设计实施阶段也是工程的施工阶段。室内工程开工前，在建设单位（客户）的组织下设计人员应向施工单位进行设计意图说明及图纸的技术交底，对设计意图、特殊做法做出说明，对材料的选用和施工质量等方面提出要求。工程施工方需按图纸要求核对施工实况，有时还需根据现场实况提出对图纸的局部修改或者补充；施工结束时，会同质检部门和建设单位进行工程验收。

为了使设计取得预期效果，室内设计人员必须抓好设计各阶段的环节，充分重视设计、施工、材料、设备等各个方面，并熟悉、重视与原建筑物的建筑设计、设施设计的衔接，同时还须协调好与建设单位和施工单位之间的相互关系，在设计意图和构思方面达成共识，以期取得理想的设计成果。

一、现场交底与材料进场

现场交底是设计师在开工之前到现场根据设计方案与施工工人进行施工要求讲解，告诉施工工人哪些墙需要拆改，哪些地方有什么要求，有哪些调整等，使施工工人清楚施工要求，根据施工工种具体情况进行施工。

二、具体施工分类进程

在进入具体施工之后，会根据施工图纸进行相应工种的分类施工。通常室内设计的施工工种基本分为水、电、木、瓦、油等，每个工种有其不同的工作内容和职责范围，在施工过程中，根据不同工种的性质和工作条件进行相互合作和衔接，按照施工流程进行各自工种的工作。

具体施工流程如图5-10所示。

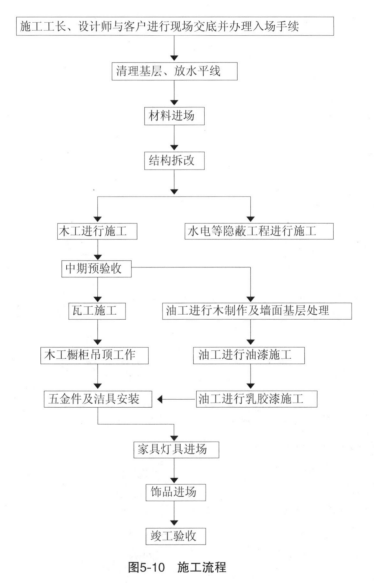

图5-10　施工流程

三、施工检查与竣工验收

在室内装饰设计工程整个施工过程中，设计人员应与建设单位代表一起做好施工监理工作，其中建设单位代表可以是专业公司。施工监理工作主要包括监督施工方的用材用料、设备选定、施工质量等，完善设计图纸中未完成部分的构造做法，处理各专业设计在施工过程中产生的矛盾，局部设计的变更或修收，按阶段检查工程质量，参加工程竣工验收等。施工验收主要包括材料验收、隐蔽工程验收、防水工程验收、工程质量验收等内容，主要采取分阶段验收、工程中期验收、工程竣工验收等。

为保证装修施工中的材料质量，首先要进行的就是施工材料的验收。施工材料主要分为主材和辅料两部分，主材包括瓷砖、地板、洁具、灯具、橱柜等饰面产品和材料，辅料是指装修施工过程中的板材、乳胶漆、墙面腻子、乳胶、轻钢龙骨、石膏板、水电用料以及水泥、沙子等辅助材料。材料验收必须在材料进场时由客户、质检员进行检验确认，检查其品牌及环保指数等，以确保施工后的质量安全和避免假冒产品的使用。

隐蔽工程包括给排水工程、电气管线工程、地板基层、吊顶基层。给排水隐蔽工程检验包括给水管线是否漏水、地面排水是否顺畅、防水层防水性能是否良好。电气管线工程检验包括PVC管线连接是否紧密，是否埋设PVC管或护套线。地板工程检验包括地面水泥找平层是否合格，实木地板等的木龙骨是否牢固，是否经防火、防潮处理。隔墙工程检验包括轻钢龙骨隔墙中是否放置隔音材料，水泥压力板包柱是否挂钢丝网，是否做水泥拉毛处理；吊顶基层检验包括吊顶内木龙骨和吊杆是否刷涂防火涂料，吊顶内管线是否固定牢固等。

（一）水工施工与验收标准

在验收中，要根据验收标准和验收规范进行检查和验收。水工程防水层施工要达到以下几点标准：

（1）上下水管安装要合理，需横平竖直，管线不得靠近电源，与电源最短直线距离为200 mm，管线与卫生器具连接紧密，经通水试验无渗漏。

（2）一般成品房屋已经有施工单位做了聚氨酯防水层，由于聚氨酯防水层做好后经常会在安装卫生间或者其他设备时被破坏，所以在施工中最好再做一遍防水，以确保不渗漏。现在常用的比较高效的防水材料是丙烯酸防水涂料，具有抗老化性能出众、无污染、韧性好等特点，性能比聚氨酯防水涂料要好。

（3）厨房、卫生间等有水空间的找平层应有一定坡度，要求在2%左右；防水自找平层向墙面返高300 mm，淋浴间及隔壁有防水要求的墙面返高1 800 mm；防水涂料满涂，无遗漏，与基层黏结牢固，无气泡、裂纹、脱层，表面平整，卷起部位涂刷高度基本一致、涂层均匀，厚度必须满足产品规定要求。

（4）防水做好后，要做闭水试验。闭水试验就是在已做完防水的空间里面，暂时把下口封住，再在房间里面注水，在一定时间内检查该空间是否有漏水、渗水现象。通过闭水试验可验证防水层的防水功能是否正常，闭水试验蓄水层最大深度不得少于20 mm，蓄水时间不得少于24 h。

（5）水管铺装要保证管道支架安装平整牢固，阀门进出口方向正确，连接牢固、紧密；所有管道不能有渗漏，地漏排水要通畅，给水横管宜设置成有一定坡度的泄水装置；室内给水管道穿越吊顶、管井时，管道结露影响使用的，均应做好结露保温。

（二）电工施工与验收标准

电力工程主要包括强电和弱电，强电是指照明电，弱电主要包括电视、网络、电话、背景音乐等通信线路或信号线路。

（1）电力施工。在地面电路铺设完毕后，应在铺设的PVC管两侧放置木方，或者用水泥砂浆做护坡，以防PVC管被破坏。由于厨房、卫生间等有水空间属于潮湿场所，而且带接地保护的电器比较多，所以应安装密封良好的防水插座和三孔插座，开关宜安装在门外开启侧的墙体上。

（2）强电的埋墙布线。要求电源线在埋入墙内、吊顶内、地板或地砖内时必须包PVC管，导线在管内不应有接头和扭结。电线保护管的弯曲处应使用配套弯管工具或配套弯头，不应有褶皱。承重墙不允许开槽时可以采用直接埋设护套线，护套线应采用橡胶护套线，而且必须经由客户签字同意，否则应走明线。

（3）电源线在吊顶布置时，不可以直接走线，电源线应包PVC管，吊顶内灯位连接管线也可以用软管导线，但要求保证管内的穿线必须能够抽动和更换。轻型灯具可以直接吊在龙骨或附加在龙骨上，重型灯具不得与吊顶龙骨连接，应另设置吊钩。软线吊顶限于1 kg以下，超重者应加吊链。

（4）当电源线需要进行分支时，应使用分线盒。电源线的火、零、地三线分别用红色线、蓝（或绿）色线、花线（双色线），开关的控制线（电源线或回火线）分别使用红色线或白色线，禁止使用双色线做火线。

（5）临时用电需使用护套线；线盒安装平直，穿线结束后，线管与线盒用锁口连接，并应保证电线在管内可以拉伸自如。电源线与暖气、热水、煤气管平行间距不得小于300 mm，交叉间距不得小于100 mm。

（6）通信线、音响线、信号线等弱电线路线型要流畅，取向距离要短，暗管水平铺设不宜超过30 m，否则应加装过路盒。强电插座（即双孔插座、三孔插座）与弱电插座（即电话插座、音响插座、网络插座等）的间距应保证大于500 mm，强弱电插座不应在同一PVC管内，这样既可以减少它们之间的电磁干扰，又可以防止安全事故的出现。为保障音响、通信信号正常，弱电线与电力线、金属给水管平行布置间距应不小于500 mm，与金属排水管、热水管的平行间距不小于1 000 mm。

（7）PVC管作为阻燃塑料管线，其穿线数量是一定的，即直径20 mm的PVC管内可以穿入4根电源线，直径16 mm的PVC管内可以穿入3根电源线，若多穿入电源线则会影响电源线路的正常工作。PVC管要求连接牢固，无缝隙存在。房屋顶部布置PVC管时，应将PVC管与墙顶固定；PVC管入线时，应与线盒用锁扣连接。

（8）空调线的截面积应视空调功率大小而定，为了保证电源方面的安全，电源线应选用截面面积为4 mm^{2}的电源线。

（三）木工施工与验收标准

木工施工主要是骨架处理与新结构的建立，包括隔墙建立、吊顶以及门窗套的制作等，其施工标准主要有以下几点：

（1）为方便分清各种吊顶的适用龙骨，规定在面积大于1.5 m²的平面、直线造型吊顶及造型吊顶的平面部分必须使用轻钢龙骨；曲面、立体、弧形造型吊顶及厚度要求达不到轻钢龙骨适用范围的吊顶，可以使用木龙骨。木龙骨必须进行防火阻燃处理，应该在安装前涂刷防火涂料，涂料必须满涂覆盖木质，眼观无木质外露。

（2）如使用石膏板，应选用厚度为9 mm的石膏板。石膏板表面平整洁净，无翘曲现象；板间需留3~5 mm的缝隙，宽窄均匀，接缝处龙骨宽度不应小于40 mm，且需用专门嵌缝腻子填满抹平，修补打磨后贴嵌缝带，然后进行面层施工。

（3）设备口、灯具位置的设置必须按板块对称分布，套割准确美观，宽窄一致，布局合理，不留缝隙。条形板接口位置排列有序，异形板排放合理。吊顶罩面应该表面平整洁净，板面起拱准确，无翘曲和碰伤，无明显色差，无缺棱、掉角等外伤，不应有气泡、起皮、裂纹等。接口、阴阳角压边严密，接缝顺直严密。

（4）隔断墙龙骨架的边框龙骨必须与基体结构连接牢固并应平整垂直，位置正确；轻钢龙骨的骨架应设置天、地龙骨，并用钢钉或射钉固定；隔墙遇有门洞口时，门洞口位置应加强处理；龙骨搭接处无明显错位，骨架各接点必须牢固、严密无松动，连接件应错位安装。

（5）隔墙罩面板表面应该平整洁净，接缝位于龙骨中间位置，宽窄均匀，压条顺直，接缝处用腻子填满抹平，打磨后贴嵌缝带，面板应颜色一致，无返锈、麻点、缺棱、掉角以及气泡、起皮、裂纹等。平整度误差应小于3 mm；轻质隔墙与顶棚和其他墙体的交界处应采取防开裂措施。石膏板做隔墙罩面时应按场所要求（普通、耐水、防火）严格区分，封板应使用12 mm厚的石膏板，面板与龙骨连接紧密牢固，石膏板固定必须使用自攻螺丝钉均匀布置，并与面板垂直，钉帽涂刷防锈涂料。

（6）玻璃隔墙接缝应平直，玻璃应无裂痕、缺损和划痕，玻璃隔墙表面应颜色一致、平整洁净、清晰美观。安装玻璃砖的表面平整度误差应小于3 mm。顶角线条安装时应与墙面、天花紧贴，应用45°坡接或半圆槽前后相接，安装后应保证表面光洁、接缝紧密，且在同一水平线上，水平高差应小于3 mm；应保证顺直度、接缝接花处理圆顺，颜色应无明显色差；两段线条连接处无错位、接痕、高低差。

（四）瓦工施工与验收标准

瓦工主要负责墙面、地面的贴砖、墙体砌筑、隔墙施工及造型墙的施工，其施工标准有以下几点：

（1）在贴砖时，墙面贴砖阴角砖压向正确，阳角砖45°对接，阳角处整砖起排，窗户两边宜用整砖（或两边砖大小相同）。非整砖的宽度不宜小于整砖的1/3，且非整砖应用于不明显处或阴角处，电盒位置墙砖套割整齐，墙地面应尽量通缝。

（2）不得有整砖空鼓现象，边角空鼓率应控制在5%以内；勾缝应顺畅，不得有遗漏处；贴砖缝隙应该均匀一致。墙砖平整度应保证在3 mm以内，立面垂直度误差应在2 mm以下，阴阳角方正标准用直角检测尺检测为3 mm。

（3）水泥压力板封包立管墙贴砖时，基层必须挂网抹灰，以防止不同基层变化而产生的瓷砖等面层脱落的不良后果。挂网应采用网眼间距10～15 mm的钢丝网，用自功螺丝钉进行加固，并且挂网与原基体搭接应不小于50 mm，并用钢钉固定牢固。成品墙石材干挂表面应光滑，石踢脚线应黏结牢固，表面平整，上口的平整度误差不大于2 mm。

（4）地面贴砖厚度宜控制在50 mm以内，空鼓率不大于5%；地面平整度误差不大于2 mm，接缝平直度误差不大于2 mm；地漏和排水用的面层，其坡度应满足排水要求，没有倒返水和积水现象；室内楼梯相邻两步高低差不得大于5 mm，踏步宽度相差不得大于3 mm；瓷制踢脚接缝处理光滑密实，直角转角处45°拼接。

（5）洁具及配件安装要固定，无松动，卫生器具的固定应采用预埋件或膨胀螺栓，坐便器固定螺栓不小于M6，坐便器冲水箱固定螺栓不小于M10，并用橡胶垫和平光垫压紧。凡是固定卫生器具的螺栓、螺母、垫圈，均应使用镀锌件，膨胀螺栓只限于混凝土板、墙，轻质隔板不得使用；卫生间内浴盆检修门不应贴地安装，检修门应有距地20～50 mm的止水带，防止卫生间地面水流入浴盆下；卫生器具的排水口与排水管承口的连接处严密不漏，卫生器具的排水管径和最小坡度符合要求。排水栓、地漏的安装平整牢固，低于排水表面，无渗漏；五金件安装位置正确、对称、横平竖直、无变形、无损伤，外露螺丝卧平。特殊或高级洁具应以洁具厂家安装标准为准。

（五）油漆施工与验收标准

油漆施工包括家具的油漆施工以及墙面的涂料涂刷，其工程验收标准有以下几点：

（1）对于现场的油漆施工，要求施工时的环境温度适中，要在木制工程和湿作业工程基本完工、工地现场基本无其他工种施工的情况下进行。工地现场清理干净，空气中无浮尘，地上无杂物垃圾等；现场需配备灭火器，要求无明火，现场通风，空气湿度适中，避免阳光暴晒。

（2）墙面粉刷涂料工程应达到平整光洁，颜色一致，刷纹通顺，分色线应平直，无明显披刮腻子、打砂纸所遗留的痕迹；涂料应坚实牢固，不得有裂纹、漏刷、起皮、透底、流坠、补刷痕迹。分色线平直度为2 mm，墙面平整度为3 mm。

（3）壁纸、壁布粘贴面层必须牢固，色泽一致，不得有空鼓、气泡、褶皱、翘边，斜视无胶痕、无斑污、无明显压痕；阴阳转角垂直，棱角分明。阳角处无接缝，墙角处无漏缝，应包角压实；各幅拼接应横平竖直、图案端正、拼缝处图案花纹吻合，阳角处无接缝。距墙1.5 m处正视不显拼缝；表面正常，无皱纹起伏，与挂镜线、踢脚板、电气盒等相交处交接严密，无漏贴和补贴，裱糊材料边缘切割整齐顺直、无毛边。

（4）木器油漆表面颜色一致，无明显刷痕，光亮柔和，2 m处无透底、流坠、疙瘩、皱皮、漏刷、脱皮、斑迹等；装饰线、分色线平直，均匀一致。油漆工程中应把虫眼刮平，木纹清楚，五金及玻璃完整洁净。

（六）竣工后其他成品安装与验收标准

（1）木质栏杆宽度或厚度大于70 mm时，接头必须做暗榫，扶手表面光滑，木纹接近，颜色一致，转角圆滑；栏杆必须排列整齐，横线条与楼梯坡度一致，金属连接件无外露，扶手高度、构造符合设计要求，转角弧度正确，与上下跑扶手连接光滑，接头严密平整，表面光滑整洁。

（2）成品家具饰面颜色一致，表面平整光滑，无开裂、污迹、漏钉帽、锤印，线角直顺，手感无毛刺、刨痕、磨砂、逆纹。柜门及抽屉开闭灵活、回位正确，分缝一致；抽屉使用三节套式滑轨，安装固定无松动。

（3）门窗框的横框与竖框必须互相垂直，门窗框安装固定，框与墙间缝隙应用弹性材料填嵌饱满，不得使用水泥砂浆填充，表面平整光滑，无裂痕、划伤和钉眼。门窗框、门窗扇及门窗面层必须交接固定，钉眼合理，起线垂直。门、窗扇表面平整光滑、无锤印，割角准确，拼缝严密；门扇开关灵活严密，无阻滞、回弹和变形；门扇翘曲不得大于3 mm，门平整度误差不得大于3 mm。

（4）实木地板的板面拼缝误差不大于2 mm，表面平整度误差不大于2 mm；踢脚线接缝严密，平面平整光滑，出墙厚度一致，接缝合理美观，割角准确；木地板擦蜡应洒布均匀、无露底，表面亮滑洁净，色泽均匀；地板安装完毕后，应做好成品的保护工作。

（5）室外灯具的引入线路需做防水弯，以免将水流引入灯具内。固定灯具的螺钉或螺栓不得少于两个，当绝缘台直径为75 mm及以下时，可采用一个螺钉或螺栓固定；固定花灯的吊钩，其圆钢直径不应小于灯具吊挂销、钩的直径，且不小于6 mm。对大型花灯、吊装花灯的固定及悬吊装置，应按灯具质量的1.25倍做过载试验；灯具的质量超过3 kg时，要固定在螺栓或预埋吊钩上；灯具质量在0.5 kg以下时，采用软电线自身安装；大于0.5 kg的灯具采用吊链，使电线不受力，灯具固定应牢固可靠，不得使用木楔；灯头的绝缘外壳不应有破损和漏电，对带开关的灯头，开关手柄不应有裸露的金属部分。

（6）各种电器面板安装要端正，紧贴墙面，四周无缝隙。同一个房间内开关或插座上沿高度一致，其位置应符合设计要求，开关通断灵活。开关边缘距门框的距离宜为15～20 mm，开关距地高度宜为1 300 mm；拉线出口应垂直向下，暗装的开关应采用专用盒。暗装插座距地面高度300 mm为宜，在潮湿场所，应采用密封良好的防水防溅插座。

（七）其他方面的考虑

为了使设计施工工作能够按既定计划有条不紊地进行，还应该制订装修施工季度表，确定工作的起始和完成日期，以预定工期、施工量以及施工人数为依据。此外，有些项目在条件许可的情况下可以穿插进行，这样有利于缩短工期，能够按时甚至提前完成设计实施装修工作。

室内空间设计的装修实施是一项名副其实的系统工程，涉及统筹计划、艺术审美、经济核算、工程施工与验收等多方面的问题。只有把各方面工作有机地结合起来，做好统筹安排，设计实施才能高质量、高效率地完成。

项目六 室内设计实训

某550 m² 大都会风格样板房

　　项目地址：杭州

　　项目面积：550 m²

　　设计公司：某建筑装饰设计咨询有限公司

　　设计说明：

　　本案中都会摩登风格的表现来自于精英生活景象的搭配，空间开阔，装饰精简，尽可能地将艺术收藏及摩登的建材构面协调地安排在一起，以突显高品质生活，满足高消费端的精品质生活。本案以都会为中心的设计概念创作，极具现代摩登的特色，且注重装饰设计及生活机能的设计概念，创作方向来自于美国东岸纽约华尔街金融业高管及跨国企业CEO阶层的业主样态规划。部分空间的夹丝玻璃让空间的通透尽可能开放，空间视点延伸，而进门墙面以及地下室水吧墙面的光源设计是重点，错落墙面的视觉，除了原有的自然采光，还增加了夜间装饰的丰富感。具体图形如图6-1～图6-24所示。

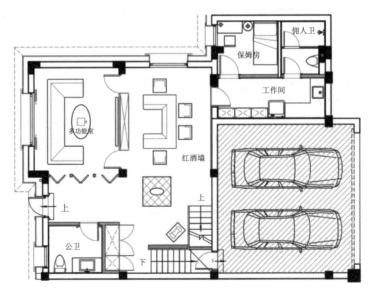

图6-1　地下层平面图

图6-2　地下一层多功能厅

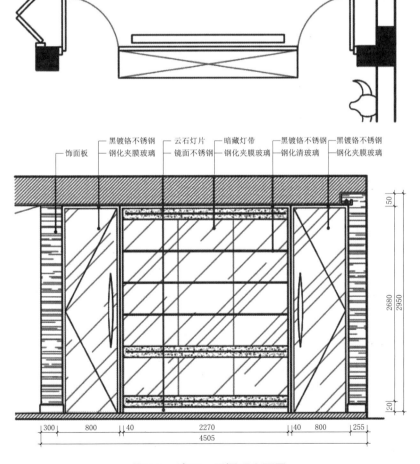

图6-3　地下一层酒吧立面图

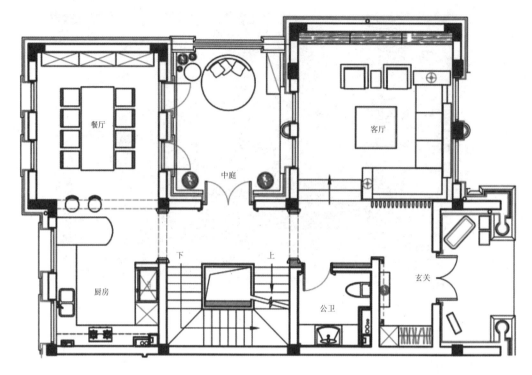

图6-4　一层平面图

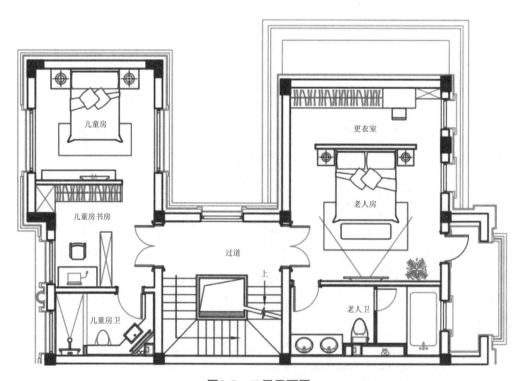

图6-5　二层平面图

图6-6　一层客厅

图6-7　一层厨房

图6-8　二层儿童房

图6-9　二层老人房

图6-10　二层老人房卫生间

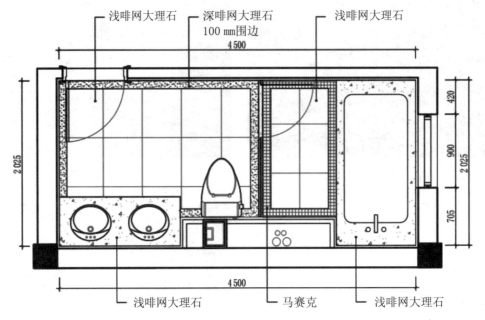

浅啡网大理石　　　深啡网大理石　　　　　　浅啡网大理石
　　　　　　　　　100 mm围边

浅啡网大理石　　　　　　马赛克　　　　浅啡网大理石

图6-11　二层老人房卫生间平面图

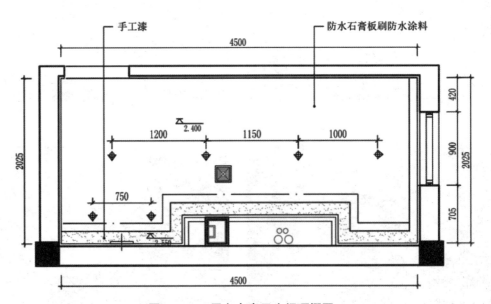

手工漆　　　　　　　　　　　防水石膏板刷防水涂料

图6-12　二层老人房卫生间顶棚图

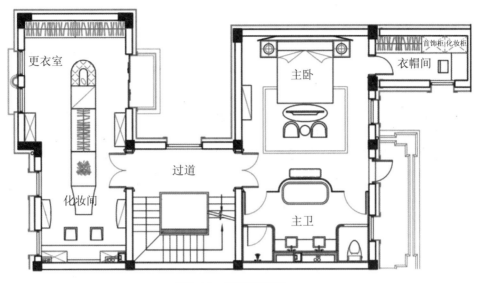

图6-13　三层平面图

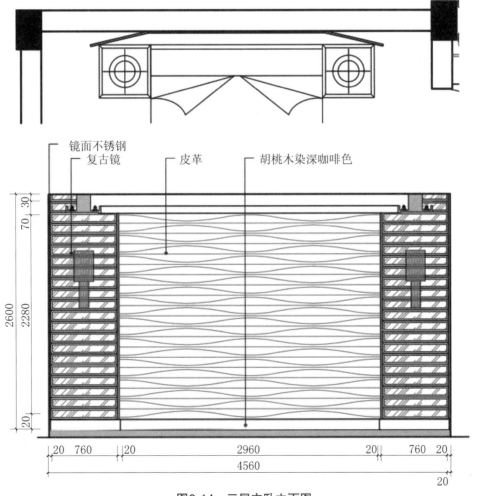

图6-14　三层主卧立面图

图6-15 三层主卧

图6-16 三层主卫

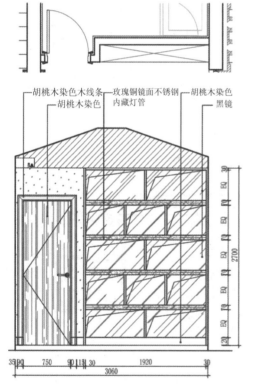

图6-17 四层书房立面图

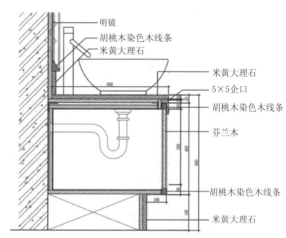

图6-18 四层大样图

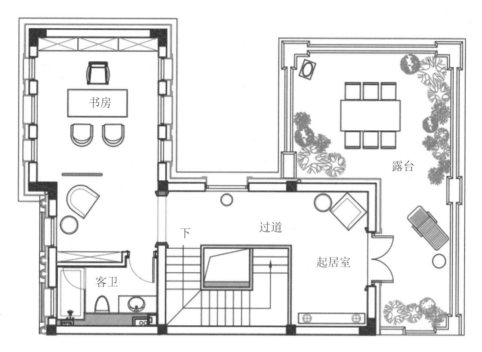

图6-19 四层平面图

图6-20 四层书房

图6-21　四层起居室

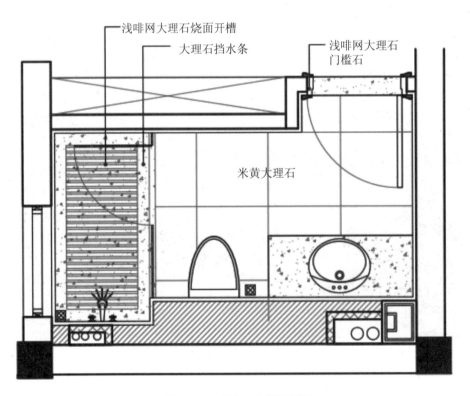

图6-22　四层卫生间平面图

图6-23　四层卫生间

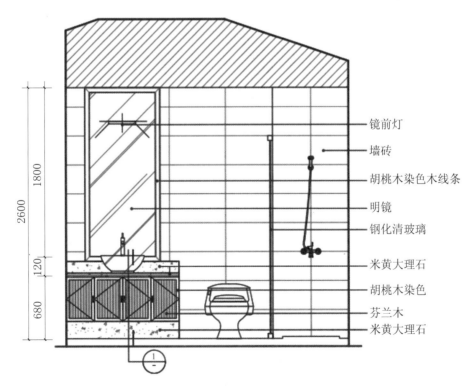

镜前灯

墙砖

胡桃木染色木线条

明镜

钢化清玻璃

米黄大理石

胡桃木染色

芬兰木

米黄大理石

图6-24　四层卫生间立面图

参考文献

[1] 胡剑忠. 装饰材料的艺术特征在室内设计中的创新应用研究[J]. 四川建筑科学研究，2013(06).

[2] 蒲炜杭. 基于室内设计系统论的室内装饰风格方法研究[D]. 成都：西南交通大学，2017.

[3] 沈志勤. 建筑装饰材料与室内环境质量[J].江苏建材，2003(02)：47-48.

[4] 张青萍. 解读20世纪中国室内设计的发展[D]. 南京：南京林业大学，2004.

[5] 王译林. 论装饰色彩的发展及应用[D]. 南京：南京林业大学，2008.

[6] 徐晔晗. 室内设计用色的分析研究[D]. 南京：南京林业大学，2007.

[7] 姚婧媛. 3dsMax在室内设计中的运用分析[J]. 现代装饰(理论)，2014(09)：49-50.

[8] 粟亚莉. 论公共空间设计中的中式元素表达[J]. 包装工程，2012(02)：136-138.

[9] 吴晓燕. 室内设计中的形式美法则[J].艺海，2011(07)：109-110.

[10] 甄伟肖，张琼. 中国元素在室内设计空间中的应用[J]. 现代装饰(理论)，2011(05)：22.

[11] 蒋煜. 解读近20年来外来文化对中国室内设计发展的影响[D]. 南京：南京林业大学，2015.

[12] 何燕. 材质在室内装饰设计中的情感体现[D]. 芜湖：安徽工程大学，2012.

[13] 刘寒青. 可持续装饰材料在室内空间设计中应用美学研究[D]. 杭州：浙江理工大学，2012.

[14] 张莹. 色彩表现中的材质因素[D]. 上海：华东师范大学，2007.

[15] 李立. 艺术材料的材质及其在艺术设计中应用的研究[D]. 吉林大学，2006.

[16] [美]文丘里. 建筑的复杂性与矛盾性[M]. 北京：知识产权出版社，2006.

[17] 陈易. 环境空间设计[M]. 北京：中国建筑工业出版社，2008.

[18] 辛艺峰. 建筑室内环境设计[M]. 北京：机械工业出版社，2006.

[19] 刘刚. 外国玻璃艺术[M]. 上海：上海书店出版社，2004.

[20] [英]米歇尔·维金顿. 建筑玻璃[M]. 北京：机械工业出版社，2003.

[21] 周静，邬烈. 现代玻璃艺术[M]. 南京：江苏美术出版社, 2002.

[22] 庄汉新. 美学纲要[M]. 北京：学苑出版社, 2002.

[23] 陈易. 建筑室内设计[M]. 上海：同济大学出版社, 2001.

[24] 崔唯. 色彩构成[M]. 北京：中国纺织出版社, 1996.

[25] [美]马克纳. 源于自然的设计[M]. 北京：机械工业出版社, 2012.

[26] 李壮. 当代室内设计[M]. 南京：江苏人民出版社, 2011.

[27] 杨玲. 公共环境设施设计[M]. 长沙：湖南人民出版社, 2010.

[28] 张绮曼，郑曙旸. 室内设计资料集[M]. 北京：中国建筑工业出版社, 1991.

[29] 黄根哲. 材料科学与工程基础[M]. 北京：国防工业出版社, 2010.

[30] [美]理查德. 心理学与生活[M]. 北京：人民邮电出版社, 2003.

[31] 库哈斯. 癫狂的纽约[M]. 北京：生活·读书·新知三联书店, 2015.

[32] 柳冠中. 设计方法论[M]. 北京：高等教育出版社, 2011.

[33] 刘海英. 装饰色彩[M]. 北京：中国水利水电出版社, 2010.

[34] 潘谷西. 中国建筑史[M]. 北京：中国建筑工业出版社, 2009.

[35] 格林伯格. 艺术与文化[M]. 桂林：广西师范大学出版社, 2009.

[36] 魏宏森. 系统论[M]. 北京：世界图书出版公司北京公司, 2009.

[37] 霍维国. 中国室内设计史[M]. 北京：中国建筑工业出版社, 2007.

[38] [美]派尔. 世界室内设计史[M]. 北京：中国建筑工业出版社, 2007.

[39] 张长江. 材料与构造[M]. 北京：中国建筑工业出版社, 2006.